U0255037

大 数 据 · 互 联 网 理 论 与 实 践 丛 书

BIG DATA

大数据服务
风险元传递模型

孙宝军◎著

RISK ELEMENT TRANSFER MODEL OF
BIG DATA SERVICE

本书得到国家自然科学基金项目"灾害链视角下内蒙古电力系统灾变风险演化机理研究(项目编号:71961022)"资助。

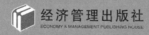

经济管理出版社
ECONOMY & MANAGEMENT PUBLISHING HOUSE

图书在版编目（CIP）数据

大数据服务风险元传递模型/孙宝军著. —北京：经济管理出版社，2021.4
ISBN 978-7-5096-7909-8

Ⅰ.①大… Ⅱ.①孙… Ⅲ.①数据管理—风险管理—研究 Ⅳ.①TP274

中国版本图书馆 CIP 数据核字（2021）第 064440 号

组稿编辑：王光艳
责任编辑：许 艳
责任印制：黄章平
责任校对：王淑卿

出版发行：经济管理出版社
　　　　　（北京市海淀区北蜂窝 8 号中雅大厦 A 座 11 层　100038）
网　　　址：www. E-mp. com. cn
电　　　话：（010）51915602
印　　　刷：北京晨旭印刷厂
经　　　销：新华书店
开　　　本：720mm×1000mm /16
印　　　张：13.75
字　　　数：226 千字
版　　　次：2021 年 6 月第 1 版　　2021 年 6 月第 1 次印刷
书　　　号：ISBN 978-7-5096-7909-8
定　　　价：68.00 元

前 言

云环境下大数据服务，融合了云计算低成本、易扩充、易维护的优点，解决了大数据服务数据管理和存储的繁重任务，使大数据服务成为一种可以随时随地访问的基础设施，推动了服务经济的演进过程，丰富了服务经济的形式。但这种优势的代价是产生了各种风险问题，除了大数据服务本身面临的数据、法律、技术风险之外，还要面对云计算环境的各类风险，多种环境、系统的融合使风险因素更加复杂，造成的影响也更大。因此，关于云环境下大数据服务的风险研究显得十分必要。本书立足于云环境下大数据服务的高度，以动态风险和风险决策为研究内容，把云环境下大数据服务研究分为存储期、服务期和选择期三个不同阶段，研究每个阶段的动态风险和整体风险问题。本书的研究内容和主要创新成果如下：

第一，在大数据服务存储期内，对大数据服务的风险元传递模型进行了研究。首先，分析了存储期的工作方式和特点，区别于其他研究视角，本书以数据资产作为分析对象，构建了数据重要性评估指标体系。在分析现有风险评估模型的不足基础上，对大数据服务存储期的风险和脆弱性进行识别，利用系统动力方程建立脆弱点传播方程并进行求解，以此构建基于传染病模型的脆弱性动态风险评估模型。其次，基于多重犹豫模糊语言变量和聚集算子的概念，建立隶属度确定方法，构建了大数据存储期风险评估模型。最后，依据模型计算结果，对大数据服务存储的风险进行了分析。

第二，在大数据服务服务期内，对风险产生的原因进行了分析，基于多层次大数据服务结构模型，确定了大数据服务期风险的载体及研究对象——工作流。根据大数据服务工作流的概念，结合现有的基于 Web Service 和云计算相关的研究成果，总结了大数据服务的 QoS 指标体系。将大数据服务工作流上任务节点的 QoS 指标中的不确定性定义为风险元。根据风险的不同形式，提出了概率型和区间型两种大数据服务工作流 QoS 风险元传递模型。在第一种模型中，根据信号流图分析方法和理论，构建了风险元传递模型，结合最大熵理论给出 QoS 分布概率的求解方法，利用矩母函数对串行、并行的大数据服务工作流结构的风险元传递函数进行构建和求解，利用算例分析了模型的可行性。在第二种模型中，主要考虑 QoS 概率无法确定的问题，根据区间数理论，构建了区间型的风险元传递函数，并对模型进行了求解和可行性分析。

第三，在大数据服务选择期内，首先，分析了服务选择的特点及风险产生的原因，识别了该期间可能面临的各类风险因素。其次，根据云模型和犹豫模糊数理论，将可信度概念引入风险评估的问题中，用以度量专家在进行风险评估时，对自己评估信息的支持程度，同时为了避免专家刻意提高自己的可信度问题，用云模型汇聚专家的意见，用以计算评价专家的可信度，实现可信度的定量计算和风险决策属性的权重确定方法。再次，在总结已有研究存在的不足的前提下，根据 Mobius 变换理论，提出了新的模糊度量方法，用以实现三参数区间语言灰色变量和犹豫模糊数的转换，并据此提出了针对大数据服务选择的风险评估模型。最后，验证了所提出模型的可行性，对比了所提出模型和已有模型。

第四，将研究视角拓展到大数据服务信息链，首先，基于广义证据理论和信息熵的概念，提出了大数据服务演化熵和风险熵的概念和计算公式，利用熵的概念度量大数据服务信息链的整体风险。通过广义证据理论识别和融合专家意见，得到不同风险因素的隶属度，计算演化熵和风险熵，基于此风险的度量方式，可以指导不同阶段的风险防范投资决策。其次，分别建立存储期、服务期和选择期的费用和风险公式，构建了考虑风险的云环境下大数据服务风险元优化模型。从整体性和动态性方面分别构建了大数据服务的决策和优化模型。最后，从规程管理、组织管理和技术手段三个方面构建了大数据服务"三位一体"风险防范框架。

大数据服务运行在云环境下，整个过程分散在不同地域、不同类型的云计算节点上，任何节点的风险都可能以不同路径向外传递和扩散，风险会在不同的网络拓扑结构中以线性、层次或网状结构进行传递，形成了错综复杂的风险传递网络。本书研究内容拓宽了已有的研究范围，有助于完善风险元传递理论，扩展大数据服务风险管理的思路和方法，加强企业对大数据服务的风险管理，提高云数据运维效率和大数据服务应用能力。

目　录

第 ❶ 章

绪　论

1.1　选题背景和意义

1.1.1　选题背景

云计算是对虚拟化、服务计算、海量存储和并行计算的一种形象化称呼，具有资源池化、按需服务、泛在接入、弹性服务以及服务可计费的资源使用和管理模式。另外，大数据时代的到来意味着我们要面临巨量数据，处理大数据是一项富有挑战性的复杂任务，需要大量的计算基础设施以完成大数据的处理与分析。云计算所具有的计算机硬件、空间和软件上的低成本优势，使其对构建大数据分析、处理、应用和服务表现出了极大的潜力和优势。在云计算的发展过程中，衍生的一系列数据存储、处理技术和工具，可以大大降低大数据应用的开发难度和成本，缩短开发周期，进而以大数据服务的形式提供数据分析和知识发现，让更多的受众享受大数据技术所带来的思维方式和管理方法的变革，从而提升大数据带来的服务价值回报。因此，一种新型的数据应用模式——大数据服务（Big Data-as-a-Service，BDaaS）应运而生，即把大数据相关的存储、处理、商业分析、可视化应用进行封装，为数据消费者提供动态、随需、随时、随地访问的标准化服务，这进一步拓展了大数据的外延，使大数据不仅是一种技术和科学范式，还成为一种新的服务经济模式。2012 年 12 月，权威市场调研公司 Technavio 发布的 *Global Big Data-as-a-service Market*（2012～2016）指出，企业需要 BDaaS 来跟踪 IT 系统的性能和行为，并通过大数据创新经营模式，提高自身运行效率。国际上的亚马逊、微软、国际商用机器公司、易安信等公司都提供了大数据存储和分析服务。国内领先的云服务提供商阿里云，对大数据服务的场景和范围进行拓展和延伸，提供了大数据搜索与分析、大数据开发、数据可视化、企业图谱、智能推荐等诸多服务，为企业提供大数据赋能。

人们在享受这种以云计算为基础、提供大数据相关服务的模式带来的好处的同时，也不应该忽视其隐藏的诸多风险因素，否则就会引发安全事件。从发生的安全事件结果来看，主要表现为数据丢失、泄露或服务中断。云计算厂商业务终止会影响到那些依赖于云计算开展业务的公司，星巴克公司部署在云上的 CRM 系统与 POS 机客户数据曾因为云服务终止，造成上千个门店收款机无法使用，对日常经营造成了很大影响。2016 年，软件更新导致微软公司的 Office 365 云电子邮件服务故障持续了一周时间。2016 年 6 月 4 日，澳大利亚悉尼暴风雨导致 AWS 域端点故障，使该区域内的网站和在线服务出现大约 10 小时的中断，同年还发生了 Salesforce 公司的在线 CRM 系统中断服务，造成了欧洲客户长达 10 小时的 CRM 故障。2017 年 1 月 31 日，线上代码库 GibLab 因为员工在维护过程中误删了数据库目录，遭遇了 18 小时的服务中断。2017 年 2 月 9 日，Amazon 的 RDS 服务上 MySQL 数据库文件大小限制引发了 Pinterest 服务器长时间宕机。2017 年 2 月 24 日，Facebook 为了预防黑客错误地将用户发送到恢复界面，导致一些用户的账户被锁定近三个小时。同年，还有微软的 Office365、Skype，苹果公司的 iCloud 分别发生了邮件、即时通信、Backup 服务中断。2018 年 3 月 17 日，Facebook 8700 万用户数据被黑客利用漏洞非法获取。2018 年 6 月 16 日，前程无忧网站 195 万条个人求职简历信息被泄露。2018 年 6 月 19 日，圆通速递有限公司 10 亿条快递信息，包括收件人姓名、电话、地址等，在网上被公开售卖。2018 年 8 月 28 日，华住酒店集团旗下多个连锁酒店的会员和入住酒店信息被泄露，被泄露数据中包含身份证号、家庭住址、银行卡号等私密信息。诸如此类的事件还有很多，不再一一列举。

从这些事件中可以看到，云计算故障会影响基于云计算的大数据服务，继而影响使用此服务的企业的正常经营活动，最终产生一连串的连锁反应。同时，大数据"双刃剑"的另一方面，数据安全、个人隐私被泄露等问题也时有发生。云环境下的大数据服务，本身的计算、存储环境在云上，又通过服务的形式和最终的数据消费者联系在一起，这本身就交织了云计算风险和大数据服务风险两个方面的问题。此外，当大数据提供服务时，网络、人员、管理等方面的不确定因素，会导致服务质量与合同预先约定的质量出现较大偏差，从而影响用户的使用体验。从信息链角度来看，云计算大数据服务经历多个不同的阶段，每个阶段的运行特点和风险表征存在差异，不同阶段之间又存在着相互联系，如何从信息链视角来评估大数据服务风险，减少风险带来的危害，为数据消费者提供更好的数据服务是非常重要的课题。

1.1.2 本书的研究价值

本书从云环境背景下大数据服务研究视角，提出了包括传递路径维（链式结构、层次结构、网状结构）、时间维（存储期、服务期、选择期）和风险传递方法维（系统动力学、进化熵、GERT 网络、传染病模型等）的三维风险元传递结构模型。基于该结构模型的设计思想，建立大数据服务不同时期的动态风险模型。本书的研究，对于规避、控制和预警大数据应用风险以及提高云环境下大数据服务执行的成功率具有重要的理论价值和实际应用价值。

综上所述，本书的研究价值如下：

第一，在已有的项目风险元传递和信息风险元传递的理论基础之上，结合大数据服务背景，探求大数据服务运行风险传递过程，确定云环境风险对大数据服务风险传递的影响。这些内容拓宽了已有的研究范围，完善了风险元传递理论。

第二，云计算环境下大数据服务的风险问题有其特殊性。首先，风险管理目标不同，大数据服务的目的是实现数据的流动和价值增值，这就决定了其风险管理的目标是防范数据价值增值过程中出现的风险。其次，风险管理对象不同，云计算环境下大数据服务的主要表现形式是数据的流动，数据在不同阶段存在的风险问题是其主要的风险防范对象。这些都说明了大数据服务风险问题具有特殊性，需要使用新的思路和方法进行研究。

第三，大数据服务是一个包括数据采集、清洗、存储、传输、计算、分析到最终决策的信息流动和数据价值增值的复杂过程。当大数据服务运行在云环境下，整个过程分散在不同地域的不同类型云计算节点上，任何节点的风险都可能以不同路径向外传递和扩散，风险会在不同的网络拓扑结构中以线性结构、层次结构或网状结构进行传递，形成了错综复杂的风险传递网络。风险传递具有普遍性，以风险传递的视角、方法来研究云计算环境下的风险问题是十分必要的。

1.2 国内外研究现状及发展动态

1.2.1 云计算风险管理研究

国际上，云计算安全问题受到了企业界、学术界和政府的高度重视。各类专业组织、区域研究机构发布了相关的研究报告，国家层面也出台了相关的技术标准。比较有代表性的机构有云安全联盟、欧洲网络和信息安全局、美国国家标准与技术研究院等。

2009 年成立的云安全联盟（Cloud Security Alliance，CSA）得到了较高的业界认可。该组织总结了与云计算安全有关的 14 个焦点领域和 7 个最大的威胁，这些威胁包括恶意内部人员、对云的不良使用、不安全的 API、数据丢失和泄露、账户或服务劫持、共享技术问题、未知风险。2009 年，欧洲网络和信息安全局（European Network and Information Security Agency，ENISA）在发布的《云计算中信息安全》报告中，研究了企业应用云计算可能带来的好处和面临的风险，对于使用云托管业务的企业如何降低风险给出了建议，主张企业应该做好相关的风险评估，考虑数据存储在云平台和数据中心的潜在风险，综合选择服务水平较高的运营商。2012 年 4 月，ENISA 制定的《云计算合同安全服务水平检测指南》指出，云服务商和云用户主要通过 SLA 对服务进行约定，从服务可用性、服务弹性、事件响应、数据生命周期等 8 个方面，对 SLA 指标体系进行检测和预警，达到保证数据安全性的目的。高德纳咨询公司总结了 7 个主要的安全威胁：调查支持风险、优先访问权风险、数据隔离风险、数据位置风险、管理权限风险、数据恢复风险、长期发展风险（Latif et al.，2014）。

在标准方面，美国国家标准与技术研究院（National Institute of Standards

and Technology，NIST）所提出的云计算 3 种服务模式、4 种部署模型和 5 大基础特征受到业内认同。NIST 也为美国联邦政府制定有关安全和云服务部署策略方面的文件。2009 年底，国际标准化组织/国际电工委员会（ISO/IEEE）成立了下设云计算研究组分布式应用平台服务分技术委员会（SC38）。在 2011 年召开的 SC38 第三次全会上，我国代表团提交的《关于国内外云计算组织有关标准分析》《云计算服务运营要求》被纳入《云计算研究组报告》（第二版）。2015 年，中华人民共和国标准《信息安全技术云计算服务安全指南》和《信息安全技术云计算服务安全能力要求》正式发布实施。中国通信标准化协会（CCSA）推动出台的国家标准《基于云计算的互联网数据中心安全指南》，描述了基于云计算的互联网数据中心安全威胁，提出了云计算数据中心安全体系架构和安全要求。国家出台一些云安全方面的研究成果及相关标准主要是在法律、管理上对云服务进行规范，但对云计算信息系统本身，缺少一套行之有效的评估体系（章恒和禄凯，2014）。

在云环境下的风险管理方面，学者们围绕着风险评估框架、评估方法、应用领域三个方面进行了研究，随着隐私问题被更多人关注，学者们比较关注云环境下隐私风险评估方面的研究。相关的国内外文献综述如下：Latif 等（2014）从云提供者和云消费者角度对文献进行了分类，重点讨论了数据安全、隐私风险和控制风险相关方面的内容。Damenu 和 Balakrishna（2015）介绍了几个有代表性的云计算风险管理框架。王婷和黄国彬（2013）通过总结国内的相关文献发现，云安全问题研究的内容主要集中在数据存储、数据传输、数据访问、服务安全、服务监管、法律法规等方面，认为已有研究的不足之处体现在云安全概念界定不清楚、内容重复、实证研究缺乏等方面。

在风险评估框架方面，已有研究主要参考国际云安全标准机构和组织（NIST、CSA、ENISA 等）的标准或规范。如潘小明等（2013）从技术要求、管理要求、法规与标准三个维度构建了安全评测体系，就是在 NIST 云服务参考模型基础上，兼顾了 IaaS、PaaS、SaaS 三大云服务模式。Al-Badi 等（2018）通过对 50 多篇文章进行综述，从法律、技术和操作三个方面提出了一个云计算安全风险管理框架。Saripalli 和 Walters（2010）从威胁安全的事件发生概率与严重性角度度量云计算风险，提出了云环境的安全风险评估框架。晏裕生（2016）以安全等级保护测评要求中的第三级为基础，提出了云计算 IaaS 安全评估指标体系，使用层次分析法和模糊法对技术安全和管理安全进行综合评估。冯登国等（2011）从服务体系、云计算安全标准和安全框架三个方面提出云计算的安全框架。徐华和薛四新（2016）构建了云数字档案馆风险评估框架。Xie 和 Zhao（2013）借鉴供应链管理方法，围绕组织、技术、法律、政策四个层面分析了云产业链中个人云计算面临的风险。阮树骅等（2018）从管理、政策法规和技术三个方面采用模糊层次分析法提出了安全风险评估度量模型。Jouini 和 Rabai（2016）介绍了包括平均故障成本模型（The Mean Failure Cost，MFC）在内的 5 种定量安全风险评估模型，分析了这几种模型的优劣势。周小萌（2013）引入风险元传递三维模型，同时引入隶属云模型表达风险的随机性和模糊性，基于 GERT 网络计划和模糊元网络计划风险元传递方法，研究和分析了网络风险元传递模型。Werner 等（2017）指出，云计算环境下的风险分析，大多数是从云服务提供者的视角出发，很少考虑服务消费者的业务需求，从而降低了云计算风险分析的可信性，他们结合信息安全中的 CC 和 ISL，将云消费者看作活动实体，提出了新的云计算风险分析模型。

国内外学者们也对云环境下风险评估问题进行了多角度、多方法的研究。综合文献来看，使用的评估方法主要包括定量分析、定性分析和综合评估方法。大多数云计算安全风险研究主要结合不同的应用背景，针对不同云模式提出面临的风险元素或建立相应的评估指标体系。定性分析是指对风险因素进行归类，不用给出风险发生频率描述上的精确取值（朱玉宣和许晓兵，2017）。王玉龙（2013）将云服务提供商风险划分成云服务提供商选择的风险、存储的风险、泄露的风险以及云服务平台不可靠或中断的风险。黄金凤和郑美容（2018）介绍了信息安全风险评估的相关概念，分析了云计算信息安全风险评估中存在的问题，并提出了应对安全的风险评估方法与实施建议。刘明焕（2015）运用风险评估去识别云计算环境的安全风险，对云计算环境的发展现状进行描述，并针对云计算环境面临的风险问题提出了一种风险评估模型。蔡盈芳（2010）通过分析云计算平台的架构、信息传输和储存方式，分析了可能存在的安全风险，并探讨了如何发现和评测云计算环境下的安全风险。章恒（2017）通过对云计算安全保护结构的深入研究，建立了云计算环境安全保护基本要求框架；然后给出框架中具体指标项的构建方法，即从风险分析角度出发，通过对实际环境的安全需求调研以及云安全事件和国内外相关研究成果的分析，对云计算框架中的保护对象在面临风险时应该采取何种有效措施提出要求，进而得出相应测评指标项。王晓妮和段群（2019）研究了云计算环境下数据生命周期中存在的风险问题，从监管、技术研发、可信服务、防范意识等方面开展研究。姜政伟和刘宝旭（2012）介绍了云计算的分类与发展，概述了云计算的安全现状，详细分析了云计算中的安全威胁与风险，提出了云计算特有的或影响更明显的 11 类风险，并针对每类风险，给出了其描述、安全影响、实例与对策等说明。程风刚（2014）探讨了如何从制度、技术、设施、监控和评价等方面加强云计算安全管理，逐步建立与云服务相适应的安全保障体系，以保证云系统稳定和数据安全。姜茸等（2015）从云计算体系结构及特征入手分析了安全风险研究现状，从技术和管理两个角度讨论了可供云用户、云服务商和云监管机构采用的应对策略。Zhang Q 等（2018）提出了企业将数据、应用和服务迁移到云上面临的新威胁和脆弱性，隐私风险分析面临挑战，分析和识别了云计算环境下的风险、脆弱点以及对策。Chou 和 David（2015）提出了云计算在安全和隐私保护上面临着风险，因为云计算具有远程、分布式的特点，使传统的 IT 审计方法不适用云计算环境，最后指出了云计算环境风险和审计所面临的挑战。

定量评价和定性评价的区别在于是否需要对风险产生的可能性和影响后果进行赋值。NIST 用风险评估定义分析系统内存在的威胁和漏洞信息，识别、评估并处理安全风险，以确定威胁实际发生的可能性和对组织产生的负面影响程度（Jouini & Rabai，2016）。Lin 等（2017）发现云中心理论是进行云风险评估的有效方法，因而采用云中心理论进行云计算风险评估。冯本明等（2011）以网络拓扑结构和服务器地理位置关系为基础，提出了一种针对云环境存储资源的风险评估算法。Jouini 和 Rabai（2019）指出了云计算应用过程中会遇到的障碍，提出了一种定量的风险评估模型。周紫熙和叶建伟（2012）分析了现有云计算系统中几种机密性的保护机制，提出了一种利用监控器进行数据流分析和评估器比较分析的机密性风险评估模型，对服务机密性进行综合评估。Furuncu 和 Sogukpinar（2015）将博弈论理论融入风险评估模型，用以量化评估不同服务类型风险的危害程度。

综合评估方法是定量和定性相结合的，以专家经验或客观事实为基础，通过权重的计算确定风险等级，再采用层次分析法、模糊集综合法（程玉珍，2013）等多种方法或方法组合实现风险评估。吴菊华等（2014）采用 DEMATEL 方法分析了 SaaS 风险因素间因果关系，并提出综合权重的计算方法。赵祥（2018）提出了一种云环境下多维动态风险评估的方法。

郭祖华等（2015）采用层次化分析和 RBF 神经网络方法实现了对 Web Service 的 DDoS 攻击的网络安全风险预测。张超（2014）在传统的网络安全态势评估技术基础上，采用层次化和灰色理论方法，针对云计算面临的各种安全问题提出了一种包括网络安全态势要素提取和计算的云计算网络安全态势评估模型。姜茸等（2015）利用德尔菲法构建安全风险评估指标体系，使用模糊集和熵权理论对云计算技术安全风险进行评估。程玉珍（2013）建立了具有 35 个风险因素指标的体系，并分析了这些风险因素产生的原因，提出了云服务的信息安全多层次模糊综合评估模型。

云服务商或大数据服务商在提供服务的同时，可能导致个人信息的泄露，用户隐私可能被侵犯，云环境复杂性中的隐私问题比以往信息系统更加凸显，这也成为学者们研究和关注的方向。张秋瑾（2015）针对云计算隐私风险问题，建立了云计算隐私安全风险评估指标体系。综合模糊集、信息熵和马尔可夫链构建了云计算隐私安全风险评估模型。信息熵用以降低主观影响，马尔可夫链用以计算相互关联的风险转移的概率。Itani 等（2009）提出了隐私即服务（Privacy as a Service，PaaS）的云计算保护框架，利用具有防篡改功能的密码协处理器，来保证物理上和逻辑上未经授权的访问（Parida et al.，2017）。Ramesh 等（2017）借助数据切片的混淆技术，在可信云的基础上针对混淆数据提出了用令牌保证反混淆的方式，以确保隐私安全。Singh 等（2016）通过可维护的隐私保护管理器加密及解密敏感数据，保护用户与云端进行交互的敏感数据。张佳乐等（2018）以边缘计算环境下面临的数据安全与隐私问题为切入点，对数据安全、隐私保护等关键技术方向的研究成果进行了综述，讨论了方案的适用性问题。Akinrolabu 等（2018）认为，安全和隐私是评估一个系统潜在风险最好的方式，云计算所具备的新的特点给目前的评价方法带来了挑战。他们指出，系统的静态特性以及面向过程的特点和云计算环境按需、自动化、多租户的特点存在差异，进而提出了一种风险评价即服务的思路。杨进等（2013）通过文献分析的方法剖析了 DaaS 的服务框架及其隐私泄露模型，对 DaaS 中实现委托数据的机密性、委托数据完整性验证、查询过程和查询结果验证过程中的隐私保护三个方面的发展现状进行了综合分析。

在云计算安全风险的应用方面，针对云计算在不同领域应用时的安全风险问题，国内外学者围绕云环境图书馆、电子政务、电力、会计审计、供应链、电子商务、快递物流、中小企业等一系列主题做出了探索。马晓亭和陈臣（2011）针对云计算对数字图书馆产生的新威胁，从云服务提供商和云数字图书馆两个角度提出应用安全策略建议。刘大维和霍明月（2015）论述了云环境下图书馆资源安全保障体系，介绍并说明了安全风险的相关政策。Paquette 等（2010）讨论了政务云在应用过程中面临的有形风险和无形风险。程平和王晓江（2016）引入 COBIT5.0 标准分析了云会计 AIS 的审计风险评价程序，提出了战略、战术和操作三个层次的指标体系。王美虹（2015）归纳了云计算对供应链信息系统产生的风险影响因素，建立了相应的评估指标体系，并给出了评估模型。李琼（2017）提出，由于云计算具有用户可随需求动态调动资源、云边界模糊、数据位置不确定等特性，给企业信息安全风险管理带来了新的挑战，并通过对电力企业云计算应用进行深入的业务应用分析和安全风险分析，提出了一种基于灰色关联分析的电力云计算安全风险评估模型，可有效评估电力企业中云计算应用的信息安全风险，为电力云计算的安全风险管理提供理论基础。汪秀（2015）针对云环境下电子商务的安全问题，以"风险评估即服务"为指导思想提出一个包括安全知识库、资产分析和风险评估计算三个模块的安全风险评估模型，利用云端的风险评估流程对电子商务平台进行动态、持续的监测与管理，以期实现对云环境下电子商务系统智能、动态的安全管理。孙大为等（2013）以绿云定义为基础，对云计算环境中绿色服务级目标进行了分析、量化、建模及评价。借鉴服务级目标和绿色计算的相关理论，提出了一种多维能耗模型 M2EC。林林等（2015）指出，云平台在提升软件开发效率和降低使用成本的同时，也带来了安全性的问题，他们分析和探讨了水利专业软件云平台面临的安全风险，给出了具有针对性的解决方案。许剑生等（2014）指出，云计算的应用极大地改变了数字图书馆的服务和运营模式，但也会导致云计算在传送的过程中出现安全问题，应该从制度、设施、技术等各个方面进行必要的弥补，并且建立完善的云服务体系，使云服务体系变得更加安全有效。张彦超和赵爽（2014）分析了基于云计算的电子政务公共平台自身的软硬件以及运维管理活动中可能遇到的风险与威胁，提出了公共平台安全体系框架以及风险应对策略。王志英等（2015）针对数据安全对中小企业云迁移的影响，以驱动力—压力—状态—影响—响应（Driving - Pressure - State - Impact - Response，DPSIR）概念模型为理论框架，建立中小企业云计算数据安全 DPSIR 模型，分析中小企业云计算数据安全风险的关联效应，采用 DEMA-

TEL 方法辨识数据安全 DPSIR 模型的原因因素和结果因素，并分析该模型中原因因素的中心度和原因度。

上述国内外关于云计算环境安全风险的研究取得了丰硕成果，但是依然存在以下不足：

第一，针对云计算环境下的风险问题，无论是理论还是应用领域，学者们都做了大量的研究。其中存在的主要问题是，学者们大多从静态的角度来看待云环境下的风险问题，把风险因素视作静态的，较少研究云计算动态环境对风险的影响，这有待进一步研究和改进。

第二，现有研究大多基于云计算的 IaaS、PaaS 和 SaaS 三种模式。大数据服务的体系结构有别于传统云计算的体系结构，具有自己的工作方式和特点，已有的研究成果对此考虑较少。

第三，风险评估因素考虑不全面，目前的指标体系大多针对云计算环境，较少有文献以大数据服务的架构来考虑指标体系的构建。

1.2.2 云计算环境下服务风险研究

云服务是云计算蕴含能量得以释放的重要形式。随着云计算的应用范围越来越广，人们越来越关注云服务的质量和体验。云服务的质量是关系云服务用户基本权益的重要评价参数，也是服务提供商是否能满足用户需求的重要体现形式，一般通过服务质量（Quality of Service，QoS）来衡量。云服务结构和形式的多样性导致影响服务质量的因素众多，已有关于服务质量风险的方法通常较难综合各类服务质量风险情况，云服务动态虚拟特征也使以往只考虑静态风险的评估模型效果差强人意，云服务系统的分布性和复杂性加剧了服务风险的识别和评估难度。

在云服务风险方面，邓仲华等（2012）通过对云服务研究现状的考察，从服务性能、服务安全性、服务管理、服务可用性以及法律风险等方面分析了云服务质量面临的挑战，并提出了应对这些挑战的有效措施。Casalicchio 等（2018）指出，第三方对于云资源和部件的控制，会产生 QoS 失效和安全违约问题，而通过 QoS 审计对受到安全威胁和资源耗尽的分布式系统进行风险分析可以解决这些问题，通过计算分布式系统的最优可行输出曲线，来确定系统的实际行为与该曲线的差异程度，从而对该类云系统的可靠性进行分析。Mastroeni 和 Naldi（2011）指出，SLA 的不确定性使服务提供商在大规模服务中断的场景下面临大量经济损失风险，基于 Markovian ON-OFF 服务模型，利用超过时间阈的故障数量和累计持续时间，提出了与服务失败相关的经济损失概率分布和补偿策略的风险值。Rusek K 等（2016）提出了部件重要性的计算方法，用以度量部件可操作性的重要性，基于简单网络部件和区间可达性近似建立了 SLA 风险的时间和网络元素故障动态模型。Abrar 等（2018）指出，在云计算安全领域，从风险管理角度研究 SLA 的非常少，他们提出了一种云计算环境下基于 SLA 的风险分析方法，对 SLA 中不同的风险因素以及相应的时间因素和服务成本因素进行了评价。另外，文中也指出了在 SLA 协议谈判期间考虑风险的重要性，探寻了 SLA 指标和风险因素之间的关联。Ziyarazavi 等（2012）认为，传统的 SLA 没有包含服务消费者所期望实现的增加值，另外，约定服务存在不确定性，这给服务的消费方和提供方都造成了很大的风险，他们提出了包含增加值的综合度量服务评价指标，称为服务价值等级（Service Value Agreement，SVA）。Almathami（2012）认为，对于资源提供者而言，SLA 在商业上的风险主要体现为服务出现故障时巨大的罚金，因此资源提供者应该估计 SLA 约定中的风险，并且风险可以作为 SLA 附件条款，因为失效风险主要取决于资源的稳定性，所以他们提出了一种根据评价风险选择工作流和资源的方法。Patil 和 Ade（2015）提出了基于风险的服务评价和策略选择框架，框架中包括商业和技术风险识别、风险分析，对风险可接受性进行判断，分别采取定义新的 SLA 需求和修正现有配置的处理方式。Harter 等（2014）认为，目前企业对于云服务的依赖，使其更易遭受服务中断所造成的关键业务数据访问中断的风险。针对网络中心和数据中心因物理距离而产生的恢复困难问题，基于网络虚拟化技术给出了解决方法。Alghamdi 等（2019）认为，如果不能有效解决云计算的持续性、可靠性和锁定效应等问题，会影响客户对云服务的采纳意愿。海然（2012）对云计算的概念、特征等进行了概述，然后简要分析了云计算的安全需求，重点识别了云资产，分析了云特定的脆弱性和云计算环境面临的风险。Djemame 等（2012）认为，客户可以与云服务集成提供商签订 SLA 协议以确定服务等级，明确出现风险损失后双方需承担的责任。Yang 等（2018）采用 Markov 链描述随机风险环境，采用信息熵度量风险，以减少评价过程中的主观因素。夏纯中（2014）从服务模式的云存储多数据中心出发，研究了该形态下涉及的若干关键技术，包括云存储 SLA 协商技术、云存储中数据安全保证技术、云存储资源管理技术等。赵雅琴（2012）将研究视角集中在客户使用云服务的过程，分析了多个提供商的多层转包可能带来的风险。林凡（2013）以虚拟机节点和服务组件为中心进行分布式动态风险监测，建立了面向服务的云计算系统风险评测模型，采用预测算法实现风险值的实时预测，从而对云计算系统的风险进行动态监测、识别、预测和评估，最终提供系统整体的风险评估等级，为云计算系统和 QoS 服务选择提供可参考的基准策略。Kamisiński 等（2017）指出，在 SLA 合同中，可用性是最相关的一个变量，准确地对可用性建模是一个难题，他们使用更新理论来近似计算一个系统部件的累计停机时间，研究了间隔分布的变更对 SLA 成功概率的影响。

云服务选择通常通过对云服务的服务质量、水平进行评价来实现（Sun et al., 2018）。学者们从不同的角度对 QoS 的指标进行了分类。Gabrel 等（2018）指出，很多研究者把 QoS 属性划分为确定属性和不确定属性两大类。Tran 等（2009）将云供应商 QoS 属性划分为技术类和管理类。技术类属性包括可用性、可靠性和性能等，管理类属性包括法律遵从性、服务器地址等。Sim 和 Choi（2018）提出了一个 Web 服务质量本体模型，将 QoS 属性划分为主观属性和客观属性。Saripalli 和 Pingali（2011）提供了 25 个云供应商选择属性。Lang 等（2018）使用 Delphi 法，从不同的云类型、不同规模、不同行业选择了 16 位专业人士，对已有的 QoS 属性重要性进行排列得出结论：功能性、法律遵从性、合约、服务器地理位置和灵活性是最重要的 5 个 QoS 属性。他们识别了 62 个底层 QoS 属性，将这些属性组合为 6 类共 21 个属性，采用德尔菲法研究了属性的质量。Abdel-Basset（2018）提出了云服务选择的准则体系，并提出了一种混合多准则决策模型用以对方案进行选择。周建涛等（2017）构建了确定性 QoS 与云资源类型的层次关系，以及用户 QoS 需求到云资源的映射模型，采用熵权法和 TOPSIS 提出了以用户 QoS 需求为中心的云资源选择方法。康国胜等（2014）认为，QoS 属性之间的相关性使加权和方法存在不足，采用主成分分析法排除属性之间的相关性，能更有效地评价 Web Services 的综合性。Chandrasekaran 等（2018）从运行时间相关、配置管理相关、事务支持相关、费用相关、安全相关等方面归纳了已有 Web 服务 QoS 属性。Liu 等（2004）提出了一个包括成本、信誉和时间 3 个通用 QoS 属性以及退款率、罚款率、事务性 3 个领域属性在内的 QoS 评价模型。Ali 等（2018）从风险评价、大数据和云计算三个方面进行了综述。李慧芳等（2014）对一类含有物流服务的服务组合 QoS 评价方法进行研究，建立了含有物流服务的云服务描述模型，提出了一种基于历史数据的主客观结合 QoS 指标权值设定方法。焦扬等（2015）根据组合云服务环境中虚拟动态性和服务随机性的特点，应用马尔可夫过程对其进行性能评估，提出了云服务组合的六维 QoS 评价体系，结合云服务流程网模型（CCSPNet）提出了云服务组合的 QoS 定量评估方法。冯建湘和武雪媛（2012）、武雪媛（2012）筛选了 Web 服务 QoS 评价因子，确定了因子权重集，计算了各因子与参考基准的灰色关联度，提出了基于灰色系统理论的 Web 服务 QoS 定量评价模型。Hayyolalam 和 Kazem（2018）将所有 QoS 均视为离散随机变量，利用概率质量函数（Probability Mass Function，PMF）描述所有 QoS 属性的随机性，以此研究概率意义下的组合服务 QoS 聚合问题。Caldarelli 等（2016）对云计算用户进行了半结构化调查，利用 TAM 模型确定预期收益和用户感知风险之间的差异。

从上述研究中可以看出，目前国内外关于云服务风险方面的研究主要集中在云服务质量和服务等级协议方面，因为服务可靠性是衡量云服务风险水平的一个非常重要的指标，学者也对 QoS 的评价进行了相关研究，研究成果非常丰富，但是在云服务 QoS 属性风险传递方面的成果却比较少，尤其是理论模型的研究。云服务质量的各个指标，如时间、可用性、声誉度等，都可能会受到云环境中网络、存储、安全等风险因素的干扰，造成传递效应，进而风险有可能被放大，甚至影响整个云服务。因此，亟须针对大数据服务服务期风险因素挖掘及风险传递效应进行研究。

1.2.3 云服务选择决策方面的研究

云环境下的服务提供是大数据服务非常重要的形式，会影响用户对服务的体验和业务过程。面对大量不同的服务，用户较难进行有效而专业的选择，这种挑战吸引了学术界和业界对此进行研究。研究人员在选择方法等方面进行了大量研究，这些研究可以分为基于决策的方法研究和云服务选择优化两类。

在基于决策的方法研究方面，Qi 等（2015）基于历史记录评价 Web 服务质量，但是由于诸如执行时间、用户输入和位置等因素的差异，在历史记录中辨识重要记录是个困难的任务，于是他们提出了一个新的选择方法——基于历史记录的内容感知服务选择（CSS_HR），利用目前用户服务调用的相似度对每个历史记录的权重进行量化，之后根据历史记录数对每个候选的服务权重进行量化，评价所有的候选服务，选择最优的服务。由于云计算的虚拟性和云服务推荐的动态性，云服务的服务质量存在波动性，因此对云服务做出合理的综合评定是云服务推荐的关键任务（Fu et al., 2018）。Rodrigo 等（2015）通过一些度量标准计算不同因素的风险，以此选择最优云资源。Nawaz（2018）采用马尔可夫链和最佳—最差法提出了一种针对云服务选择的多准则决策方法。张龙昌等（2015）认为，用户评分的模糊性、随机性所表现出的服务质量的不确定性是软件即服务（SaaS）最优服务选择研究的难题之一，首先使用逆向 QoS 云发生器将评分描述的 QoS 指标转换为云模型描述的 QoS 指标，借鉴 TOPSIS 思想提出基于云模型的 SaaS 最优服务决策算法。Shi（2012）通过用户满意度推理、属性值预处理、多属性聚合等算法，提出以用户为中心的 QoS 计算方法，以推荐最优云服务。Yau 和 Yin（2011）提出以用户满意度为基础的服务选择算法，能够更精确地模型化 QoS 和满意度。赵卓（2014）提出了一个二级服务评价模型，在帕累托优化的基础上引入 PROMETHEE 方法，以帕累托最优解实现更为精确的量化评价。李永红等（2016）基于熵的权重赋值方法确定准则权重，提出了一种并行模糊 TOPSIS 时变权重二次量化云服务推荐算法。Limam 和 Boutaba（2010）基于市场营销学的期望失验理论，利用 SLA 量化用户 QoS 期望，并提供服务选择算法，用以将多个 QoS 属性转化为 3 个属性。Dai（2017）提出完整的云服务评价指标体系，利用改进的 AHP 方法和灰色关联分析来评估中国的个人云存储产品。肖建琼等（2015）为解决云服务选择过程中的局部极值化问题，采用熵赋值法简化决策准则的权重选取，基于可用云服务对各时段内的 QoS 特征构建决策矩阵，通过模糊 TOPSIS 等级选取和时变权重进行融合决策，实现云服务的合理选择。胡吉朝和倪振涛（2015）在并行TOPSIS 改进中采用熵权重赋值形式赋予云服务相应的准则权重，使权重的选择变得简单易行，根据提出的时变权重方法改进了 TOPSIS 评估机制，使用时变权重对不同时间段的云服务 QoS 信息进行重要性区分，然后基于分时模糊 TOPSIS 多准则决策机制，设计云服务选择的并行化融合决策框架。秦佳（2010）提出了一种在服务组合中支持混合 QoS 属性和用户不确定偏好的服务选择方法，分析并改进了所提出方法的求解过程。Kumar 等（2017）采用三角模糊数、语言变量和 AHP 方法确定云服务选择指标体系，采用模糊 TOPSIS 方法对方案进行排序，最后采用实际云计算数据对提出的模型进行了验证。陈卫卫等（2016）根据云服务的服务等级协议和用户反馈，构建了以服务协议、安全性、声誉、费用、性能为评价指标的云服务非功能服务质量评价体系，利用模糊数学中的三角模糊数量化自然语言类型的评价，以实数、布尔类型和自然语言型 3 种异构数据描述的 QoS 信息对云服务进行综合评估。Somu 等（2017）为了实现对云服务供应商的信任评估，提出了基于服务的信任度量参数（Trust Measure Parameters，TMP），以提出的信任评估框架 TrustCom 识别优化 TMP 子集，并基于超图的计算模型对参数集进行约简，最后对服务进行排序。

在云服务选择优化方面，Zheng Z 等（2013）基于投资组合理论、多属性决策理论、博弈论、组合拍卖等方法，借鉴肯德尔等级相关系数，提出 QoS 排名预测框架，验证了备选服务中存在 Pareto 最优服务集。学者们探讨了启发式算法在服务选择中应用的可行性，如粒子群算法（Naseri & Navimipour，2019）、蚁群算法（Chen Z et al.，2018）、多任务算法（Bao et al.，2018）。在随机 QoS 的服务选择方面，把 QoS 描述为概率（Zheng H et al.，2013）、随机过程（汪潇洒等，2017）等服务选择算法。在模糊 QoS 的服务选择方面，研究了基于区间直觉模糊集（Büyüközkan et al.，2018）、三角模糊数（Wang P et al.，2010）和混合数据类型（Zhang & Qing，2013）的服务选择算法。林日昶等（2014）综合考虑了服务质量的期望值和波动性，提出了一种支持风险偏好的 Web 服务动态组合方法，应用投资组合理论产生适应给定风险偏好的多套服务绑定方案组合，从而控制风险、适应不同的风险偏好，以期能解决因服务等级协议被违反而影响组合服务提供者业务价值实现的问题。Benouaret 等（2012）认为，Skyline 是一个重要的基于服务质量的网络服务选择概念，他们利用 Web Service 的 Skyline 概念，提出了一个基于 QoS 的 Web 服务选择框架，利用双变量 Skyline 的概念有效地选择适合的网络服务以满足用户对 WebService 的 QoS 需求。Kurdija 等（2018）提出了一种服务选择方法，把用户的请求表示为基于时间的数据流形式，为多个用户提供多个 QoS 级别的组合服务，从用户数、请求量和服务增长几个方面建立线性规划模型，对所有输入流的聚集 QoS 进行点对点的优化。Kattepur 等（2010）关注组合服务质量波动问题，使用特征图对变化性进行建模，特征图把被调用和拒绝的原子服务配置表示为产品线，使用组合检测技术自动生成包含服务之间所有有效交互的配置。吴映波等（2013）提出了一种双种群协同进化以同步进行非支配排序和精英粒子保留的 QoS 全局最优 Web 服务选择算法。万煊民（2016）针对实时 QoS 数据会陷入局部最优的问题，将 QoS 历史数据划分为等长非重叠时间段，结合时间权重计算候选服务的综合性能。简星（2016）针对 SOA 服务中 QoS 数据的不确定性和概率假设带来的风险，将这些不确定信息加入 QoS 优化和约束计算过程，提高服务组合质量。

总结上述学者的成果，可以发现已有研究存在以下不足：

第一，评定指标权重确定不合理。关于云服务选择，选择准则的优先级是对服务进行排序的关键一步，目前的研究主要以用户对评价的各项准则重要性所赋予的主观权重为依据，对决策结果的影响比较大。

第二，缺少对定性参数的模糊表达。服务评价的主要内容是对不确定性的管理，尤其是像严重性、可用性这类非功能性准则，用模糊表达的方式更为合理，目前这方面的研究还比较少。

第三，评价选择中缺少对风险的考虑。目前研究对服务的选择大多从成本、时间和服务质量等方面进行评价，很少考虑服务的风险因素，特别是整个阶段的动态风险。

1.3　本书主要内容及结构

本书综合应用风险管理理论、决策理论以及风险元传递理论，围绕大数据存储期信息安全风险传递、服务期的工作流风险传递、选择期的风险评估、大数据服务生命周期传递风险这几个核心问题，分别构建动态解析数学模型进行研究，具体内容如下：

第一，总结国内外相关文献研究内容，对云计算风险管理、云计算服务风险研究、云服务选择决策三个方面的研究成果进行总结，分析已有研究的不足，进而提出本书的研究框架、内容和思路。

第二，根据云计算和大数据处理技术的概念，详细分析了大数据服务产生的动因、大数据服务的概念和大数据服务架构。对本书的核心概念大数据服务的定义、动因、架构进行了分析和说明。基于信息生命周期理论，归纳了大数据信息生命周期的相关内容。

第三，从数据视角给出数据重要性评估指标体系，对大数据服务存储期的脆弱性进行识别，构建风险模型，并集成到基于多重犹豫模糊语言的风险评估模型中。

第四，从大数据服务工作流视角，对大数据服务服务期的风险传递特点进行分析，构建基于大数据工作流的概率型和区间型风险传递模型。

第五，从大数据服务选择期特点入手，识别大数据服务选择期的风险因素，采用三参数区间灰色语言变量作为评估专家的意见表达方式，构建选择期风险评估模型。

第六，从信息链视角提出大数据服务演化熵、风险熵的概念和计算公式以及不同阶段的风险计算公式。

第七，对全书进行总结，并提出展望，指明未来研究方向。

本书研究内容和逻辑框架分别如图 1-1 和图 1-2 所示。

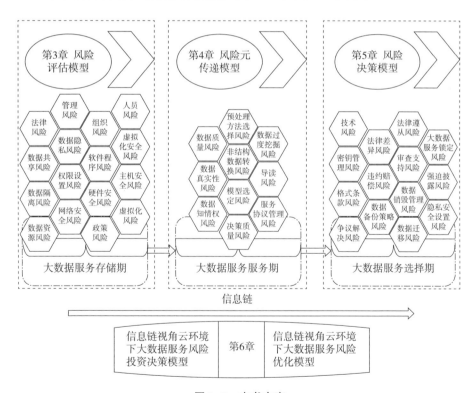

图 1-1　本书内容

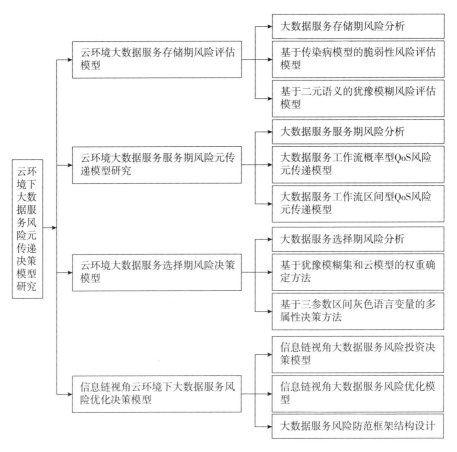

图1-2 本书研究结构

1.4 本书的创新

本书针对大数据服务风险传递与决策问题进行研究，将其他领域的方法和理论引入大数据服务风险管理问题，主要创新如下：

第一，立足于大数据服务风险管理高度，尝试构建大数据服务风险管理的流程，是对现有风险管理理论的拓展和深化，也为大数据服务运营风险管理实践提供理论依据。

第二，从数据资产视角提出了数据重要性评估指标体系，对于脆弱性风险构建了动态传递模型，丰富了传统的信息安全风险评估的研究视角，拓展了信息安全风险评估的应用场景。

第三，将信号流图的分析方法引入风险传递理论，基于概率型和区间型两类风险元，以大数据工作流为切入点，分别构建不同的传递模型并进行求解。

第四，提出了专家评估意见可信性的定量计算方法，基于该方法实现了风险属性的权重确定。利用 Mobius 变换确定模糊度量，提出了针对大数据服务选择的风险评估模型。

第五，基于信息链视角，给出了相应的演化熵和风险熵的计算公式以及不同周期阶段的费用和风险计算公式，提出了大数据服务风险元传递模型和大数据服务风险元优化模型。

第❷章
云环境下大数据服务相关基础理论

随着云计算、物联网、社交媒体等新兴信息技术的出现和快速发展，海量数据收集、利用和共享的大数据时代已经到来。大数据给教育、医疗、能源、金融、电信等众多领域带来了显著影响。大数据关键技术包括对于存储在不同地域远程服务器上多源异构巨量数据的收集、存储和分析，用户利用各类终端设备和程序实现对数据的访问，最终实现数据的流动。

大数据平台和应用项目建设需要软件和硬件的投入及运维持续跟进，成本因素是阻碍企业应用大数据的一个非常重要的因素。另外，大数据关键技术及基于大数据的应用开发等的专业人才短缺，技术更新迭代频率高，技术因素也是阻碍企业应用大数据的另一个非常重要的因素。许多第三方服务公司开始尝试向消费者提供形式灵活、按需使用的大数据存储、大数据分析、大数据处理和大数据可视化服务。大数据服务的出现和普及使更多用户可以从大数据中获得内在价值。可以预见，随着大数据技术的成熟和应用场景的扩展，越来越多的企业会有应用大数据或使用大数据服务的需求，大数据服务将会应用得更为广泛。

2.1　云计算和大数据处理技术

2.1.1　云计算概述

云计算是一种全新的计算模式，将大量计算资源、存储资源与软件资源等 IT 资源在线化、虚拟化和服务化,以泛在接入(Broad Network Access)、按需收费(On-Demand Self-service)、资源池化(Resource Pooling)、弹性服务(Rapid Elasticty)等特征(Casalicchio, 2018)引导 IT 领域向着规模化、专业化和集约化的方向发展。消费者可以依据云计算供应商设计的经济模型订购自己所需的计算和存储等服务,这些服务由计算机实现自动管理,不需要人为干预,能够根据用户需求的变化快速扩展或收缩。云架构模型负责管理用户按需请求服务的分配、订阅和计费管理。

根据部署模式的不同,美国国家标准与技术研究院(National Institute of Standards and Technology, NIST)将云平台分为 3 类:公有云(Public Cloud)、混合云(Hybrid Cloud)和私有云(Private Cloud)。公有云通常是由第三方提供商为用户提供云服务,有按时计费、按功能计费、免费等方式,向用户提供 IT 资源,降低用户软硬件建设和维护成本,核心属性是共享服务资源。公有云包括传统电信运营商、政府主导的地方性云计算平台、互联网巨头建设的公有云平台等形式。私有云是为某一客户单独使用而构建在企业数据中心或局域网内的基础设施平台,实现对数据安全性和服务质量的管控,核心属性是专有资源。混合云融合了公有云和私有云模式,是近年来云服务的主要模式和发展方向。这种方式综合了数据安全性和资源共享性的双重要求,使企业可以根据安全性和服务质量的不同要求选择公有云和私有云协作的方式部署不同的业务和数据。

按照服务类别的不同,云计算服务又分为:基础架构即服务(Infrastructure-as-a-Service, IaaS)、平台即服务(Platform-as-a-Service, PaaS)和软件即服务(Software-as-a-Service, SaaS),云计算架构如图 2-1 所示。IaaS 为云消费者提供虚拟化的操作系统、网络和存储设备,该层一般通过虚拟化实现,使多个用户/租户共享虚拟机的同时能够保持自己的隐私。Amazon EC2 是比较著名的 IaaS 平台,用户可以按需实例化计算资源。其他 IaaS 平台还有 Google 公司的 Computer Engine、阿里云等。比较著名的平台实现软件是 OpenStack(Sefraoui et al., 2012)。PaaS 是由云供应商提供的包括底层基础设施和应用开发环境的平台。该平台不需要用户再安装软件和开发语言、环境变量和设计工具,用户可以把主要精力放在软件应用的开发上而不是环境的搭建上,从而提高开发者应用设计、开发和部署的效率。典型的 PaaS 平台 Microsoft 的 Azure(Mansouri et al., 2018)和 Google 公司的 App Engine。PaaS 的用户在使用平台提供的数据架构、计算架构和传输架构时，存在一些限制。如 App Engine 支持 Python、PHP、Go 开发语言以及 MySQL 数据库平台。这也意味着，用户在使用该平台时，无法使用其他的开发语言，如 C#、C++语言。SaaS 平台提供了一种高度灵活、可靠且低成本的通过网络使用存储在云服务器上软件的模式，可以理解为分布式软件，具有较高的可扩展性。

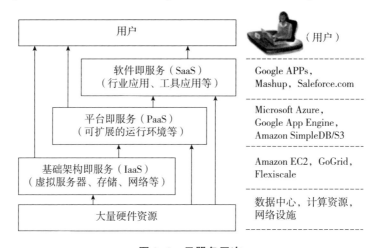

图 2-1　云服务层次

2.1.2　大数据处理技术

目前，信息技术与社会、经济、生活等各个领域不断融合和发展。随着移动设备、无线传感器、智能终端等设备的普及，以及人工智能、物联网、虚拟现实等一系列新兴技术应用，人和物产生的数据种类和规模以惊人的速度累积。同时，协同创造、虚拟服务等新型应用模式及博客、社交网络、基于位置的服务等新型信息发布方式，持续延伸着人们创造和利用信息的范围和形式。无论是产生的数据量还是使用次数都呈现出巨量的特点，淘宝网每天涉及 50TB 数据量的千万级交易，百度公司每天涉及 PB 级数据量的搜索约 60 亿次，城市几十万个摄像头涉及每月几十 PB 的数据，都说明了巨量数据这样的特征（李国杰和程学旗，2012）。资料显示，2016 年市场上的数据量已达 16 ZB（1ZB = 2^{70} B），麦肯锡全球研究院（MGI）预测，到 2020 年，全球使用的数据量将达到 35ZB，这一数字将在

2025 年达到 163ZB，在十年内呈现 10 倍的增长。其中，非结构化数据占据所有数据规模的 80%。可以说，我们已经进入了"大数据时代"。

可以从不同的角度对大数据进行定义。一般意义上，"大数据"是指那些数据体量巨大，无法在一定时间内用传统的分析、处理数据方法和软硬件工具对其进行感知、获取、管理、处理和服务的数据集合。综合来说，大数据的来源大致可以分为人、机、物三类（李国杰和程学旗，2012）。"来自于人"指的是人们在使用互联网或移动互联网的过程中产生的文字、图片、视频等数据。"来自于机"指的是各类计算机信息系统产生的以文件、数据库、多媒体等形式展现的数据以及审计、日志等自动生成的信息。"来自于物"指的是各类数字设备，如摄像头、物联网设备采集的特征值，天文望远镜等产生的数据信息。

大数据处理涉及数据的采集、管理、分析与展示等方面。具体来说，包括以下几个方面：

2.1.2.1　数据采集与预处理（Data Acquisition & Preparation）

大数据来源广泛，涵盖了结构化、半结构化和非结构化形式的数据。大数据应用首先要采集各种形式的数据并进行预处理，为后续的大数据分析提供高质量和能够统一处理的数据。大数据异构多源的特点使其存在不同的模式，在数据集成的过程中，需要消除重复不一致的数据，进行快速、有效、实时的数据清洗。

2.1.2.2　数据解析（Data Analysis）

大数据分析的任务包括数据处理、数据挖掘和分析等过程，其中数据处理实现对数据去冗分类、去粗取精，数据挖掘和分析是通过定量分析把大数据变成小数据，挖掘出有价值的信息与知识（丁俊发，2013）。大数据解读是对大数据本身及其分析过程进行深层次剖析以及多维度展示，并将大数据分析结果还原为具体行业问题的过程，即大数据的价值发现，而大数据价值的发现离不开对大数据内容上的分析与计算。深度学习和社会计算是大数据分析的基础（程学旗等，2014）。

数据分析的核心是对数据进行有效表达、解释和学习。即从大量的、复杂的、不规则的、随机的、模糊的数据中获取人们事先未发掘的、有潜在价值的信息和知识的过程。大数据分析（Big Data Analytics，BDA）与传统意义上的数据分析不同，它是大数据时代的核心内容，其目标是对增长快速、来源多样、海量的、类型多样的数据进行分析，从中找出可以帮助组织进行决策的隐藏模式、未知的相关关系以及其他有用信息（李广健和化柏林，2014）。与传统数据分析的概念相比，大数据分析的分析对象由数据变为具有典型特征的大数据，其目标也更注重相关关系及决策。大数据分析的过程包括数据准备、数据解释、解释评估和知识运用（刘铭等，2018）。大数据是对巨大数量的数据进行统计性的聚类、比较、分类、搜索等分析和归纳，不同于传统的逻辑推理研究，其继承了统计科学的概念，如统计学关注的数据相关性（孟小峰等，2013）。根据麦肯锡的观点，大数据分析的关键技术来源于计算科学和统计学等学科，主要包含模式识别、神经网络、时间序列预测法、数据挖掘、关联分析、机器学习等多种不同的方法。

2.1.2.3 数据可视化（Data Visualization）

传统的数据可视化是将数据库中每个数据项作为单个图元构成数据图像，让用户从不同维度对数据进行观察和分析。大数据可视化的主要处理对象包括科学数据以及抽象的非结构化信息。大数据可视化与传统的信息可视化的最大区别在于数据的规模，大数据具有规模大、维度高、来源多、动态演化等特点，更依赖于数据转换和视觉转换。

数据可视化根据发展历程可以分成 3 个分支：信息可视化、科学可视化和可视化分析（袁晓如等，2011）。信息可视化的主要研究对象是非结构化、抽象的数据集合，实现非空间复杂数据的视觉呈现（宋亚奇等，2013）。科学可视化主要面向的领域是生物、医学、物理、气象等学科，对二维或三维空间量数据和模型进行测量、模拟和交互分析。可视化分析是一个涉及图形学、人机交互、数据分析等学科的交叉领域，通过先进的方法与工具，实现人与海量数据之间的复杂信息高速交流。在三种可视化技术中，面向大数据主流应用的是信息可视化技术，其又分为网络可视化、文本可视化、时空数据可视化、多维数据可视化技术等（刘杰等，2015）。

2.1.2.4 基于数据的决策分析（Data-based Decision Analysis）

无论是大数据分析还是大数据解析，甚至大数据可视化分析，其核心目的都是发现和认知隐藏在数据后面的信息、知识和智慧，也就是大数据的价值发现过程，从而为个人生活、企业日常经营活动、科学范式和规律的发现、政府公共政策的制定提供决策依据，改变以往凭经验和直觉进行决策的模式，实现决策活动的科学化、在线化和智慧化。正如 Google 首席经济学家 Hal Varian 所说，数据创造的真正价值，在于我们能否提供数据分析这种增值服务，而大数据决策分析，通过采集、存储、管理、挖掘过程实现知识生成、分发和共享，进而实现对决策的支持。

　　商业分析也可以被看作一种基于数据的分析形式。得益于大数据分析技术的发展，企业商业分析或者商业智能也转向基于大数据决策。商业分析系统的效用绝大多数依赖于数据的数量和丰富程度，数据管理系统的准确性、完整性和时效性，分析工具的性能和复杂性。面向服务的架构和云基础设施为商业分析系统的效用提供能力和灵活性。如图 2-2 所示（Delen & Demir Kan，2013），云环境为来自业务流程的大数据提供数据存储、管理和分析等云化服务，实现从数据到信息再到知识的演化过程，最后为企业决策提供知识服务，从而提高企业洞察力，提高决策质量。

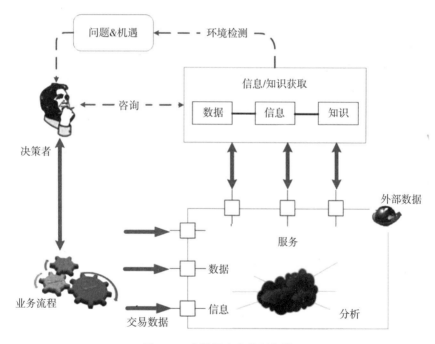

图 2-2　大数据商业分析架构

2.2 云环境下的大数据服务

大数据服务是指基于大数据资源本身及对大数据的分析挖掘，以发现其丰富价值的过程为封装对象，以服务的形式对外提供大数据的价值，是对服务体系的进一步充实和完善。2012 年 11 月，权威市场研究机构 Technavio 发布的一份研究报告 "全球大数据服务市场（2012～2016）"（Global BigData-as-a-service Market 2012-2016）指出，公司需要大数据服务追踪公司的 IT 系统性能和行为，也需要大数据分析服务革新商业模式，提高公司的运营效率。

2.2.1 大数据服务产生的动因

大数据被认为是一种能够高效地处理大量数据的技术和方法，其特点可以总结为 5V 模型（Lomotey & Deters，2014），即采集、存储和计算的数据量大（Volume）、数据的种类和来源多样化（Variety）、数据的价值密度低（Value）、数据增长和处理速度快（Velocity）、数据的准确性和可信赖度（Veracity）低。大数据的主要目标是让计算资源和架构能够适用于具有大量、多样、快速特点的数据，从而实现分布式和可伸缩的分析，提高分析结果产生的价值。但是，无论是成熟企业还是初创企业，社会团体还是民间组织，大数据和数据分析的出现都为其提供了巨大的发展机遇。由于受到成本、可用性和技术上的限制，大数据的普遍应用还面临着很多障碍。

在技术方面，大数据分析技术支持很多商业领域的价值主张，但是如何在计算设备上进行合适的大数据分析，对于大多数公司来说还是有困难的，只有少数财力雄厚、专业人才充足的大型企业担负得起资源密集型的大数据项目。根据 Gartner 一项工业调查（Hartmann et al.，2016），企业在应用大数据方面所面临的挑战主要来自两个方面：一是如何从大数据中发现商业价值（56%），部署基础设施应对管理大数据的任务。二是对于预算有限的初创企业、非营利组织来说，如果也想融入大数据生态圈，大数据和大数据分析就应当具备快速、透明、价格实惠、可重复等特征。

在数据传输方面，大数据技术提出的目标是可以随时随地地访问到大数据，但要实现这样的目标还有很大的困难。一般来说，不同企业部门的数据之间差异较大（Markl，2014），比如政府权威部门发布的区域数据、经济运行情况、价格指数等统计数据，医疗、交通、电子商务、社交网络等不同行业产生的数据，政府公共部门掌握的教育、能源、建设、金融、农业数据，这些数据被收集到分散在不同地域的平台上，在规模、粒度、准确性方面存在不同。在大数据时代，因为数据体量巨大，在传输速度方面也面临着诸多挑战，例如 DNA 数据，作为国际三大基因组中心之一、全球最大的基因测序服务机构，深圳华大基因研究院（BGI）因为参与人类基因组计划，需要在美国和中国之间传输平均大小为 0.4TB 的 50 个 DNA，即使通过因特网（Internet）骨干网，传输这个数据大概也需要 20 天的时间（Marx，2013）。通过 Internet 在两个不同地域之间传输巨量数据，还会引发网络拥塞，降低网络的通信效率。另外，因为网络通信的特点，保证传输的准确性，即保证传输的比特位不发生丢失，也是大数据传输面临的挑战之一。

在大数据分析需求周期方面，从大数据分析需求时间特征来看，大数据分析需求可以划分为非周期性需求和周期性需求两类。非周期性需求具有随机性和突发性的特点，需要弹性地分配计算资源和存储资源以完成数据分析处理任务。周期性的服务需求在时间上比较固定，可以提前分配满足分析要求的计算资源和存储资源。这种特点成为大数据应用在大数据存储、计算中资源调度、分配、回收、监控、优化等管理面临的挑战之一。

虽然大数据存在诸多优点，但企业在应用大数据时也面临诸多障碍，使大数据的普及情况低于预期。另外，在巨大数据量和新兴商业模式的驱动下，社会对大数据分析也存在着广泛而强烈的需求，大数据分析在企业运营中的重要作用日益突出和专业化，在大数据应用比较成熟的企业，还设置了首席数据官（Chief Data Officer，CDO）职务。所以，需要提供更为经济、易于使用的大数据应用模式，以满足越来越广泛的大数据应用需求。

分析即服务是商业领域近来兴起的概念，开发基于服务的分析模型和模型之间的交互接口，模型管理的复杂性使分析即服务成为信息技术努力解决的一大挑战（Delen & Demirkan，2013）。大数据分析正在成为一种新的服务内容和服务方式，美国著名知识管理学者达文波特认为，随着大数据成为越来越多企业的数字资产，大数据的收集和分析方法不仅会应用到企业的运营活动中，同时也会与企业生产的产品与服务进行融合。而云计算是一种能够向各种互联网应用提供存储服务、软件服务、平台服务、基础架构服务、硬件服务的系统（梁爽，2011）。2011 年 5 月，第 11 届 EMC World 大会，以"云计算相遇大数据"（Cloud Meets Big Data）为主题展现了当时两个最重要的技术趋势。综合云计算的优势和大数据应用上遇到的障碍和需求，可以认为云计算是实现大数据处理最好的技术选择（Babrami & Singhal，2015）。云计算的存储技术向用户提供无须考虑存储设备类型、容量、位置的基础存储服务，用户无须关心烦琐的底层技术细节，根据需要就可以从云存储服务提供商那里获得近乎无限大的存储空间，降低大数据的存储成本，提高存储效率。同时，云计算供应商也调整和改进分布式计算架构以使用和解决大数据应用中的需求和存在的问题，这种大数据和云计算的结合产生了一种新的技术分类——大数据服务或大数据分析服务（Big Data as a Service，BDaaS）。BDaaS 是这类缺乏大数据技术和竞争优势的大数据应用技术非常重要的切入点。云计算技术的出现和发展早于大数据技术，大数据技术的出现和需求又推动了云计算技术向着更大的存储容量和更快的处理速度方向发展。

如图 2-3 所示（赵刚，2016），在分布式数据处理系统的调度下，云计算构建的分布式文件系统和分布式数据库系统为大数据服务调用结构化和非结构化数据提供存储服务，使 PB、ZB 级数据存储构建在通用服务器、虚拟机及允许多个操作系统和应用共享一套基础物理硬件的元操作系统 Hypervisor 上，从而使该架构具有低成本和高扩展性的特点。分布式计算技术使 PB、ZB 级数据的查询分析成为可能。数据访问框架通过网络层连接大数据存储框架 HOFS 和处理框架 MapReduce，该层的主要功能是负责管理访问、调用底层数据，包括数据流语言和并行计算机编程语言、为分布式存储的大数据提供管理并支持 SQL 查询的数据仓库 Hive、数据传递工具 Sqoop 等子模块。大数据调度框架实现了对大数据的调度和组织等管理任务，是大数据分析和应用的必要条件，主要包含面向列存储的分布式非关系型数据库 Hbase，提供高可用的海量日志采集、聚合和传输的分布式日志收集系统 Flume 以及开源分布式应用程序协调服务 ZooKeeper。在该调度框架之上的连接器（Connector）负责完成对用户的查询、分析、统计等大数据应用，此外，大数据的备份恢复、管理和安全框架负责大数据的治理和保护任务。

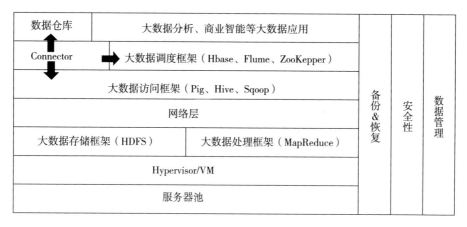

图 2-3 基于云存储大数据分析模型

2.2.2 大数据服务的概念

在大数据服务概念提出之前，学术界和工业界已经对数据服务进行了很多的研究。数据服务是一种把 Web Service 和数据管理相结合的技术，它封装了各种异构数据，通过统一的表示方法实现跨领域数据的集成。数据服务和大数据服务存在诸多差异。在支持数据格式方面，数据服务只支持结构化数据，而大数据服务除了支持结构化数据外，还支持非结构化数据。在服务的描述方面，数据服务遵循传统的 Web Service 描述方法，只描述服务的接口规范，而大数据服务模型还可以描述大数据质量、隐私等信息。在服务的内容方面，数据服务仅能提供未加工的数据给服务的使用者，而大数据服务还可以提供数据处理、检索、分析、可视化等。

一些学者尝试给大数据服务下一个基本的定义。林文敏（2015）基于大数据处理过程，给大数据服务下了定义。大数据服务是指对大数据进行封装或处理分析，为用户提供数据展示或各种辅助决策，以发现大数据潜在价值的功能实体。其输入是大数据，输出可以是服务封装的数据分析结果或数据本身。赵刚（2015）把大数据服务分为广义和狭义两种。广义上，大数据服务是大数据的一部分，是一种全新的服务经济形式。它通过将异构数据封装为服务，隐藏不同数据结构和定义的差异，让用户可以只关心能够获得的数据，而不用关心使用的存储、查询、分析和可视化服务的数据存储在哪里，何时存储。狭义上，大数据服务是一个拥有明确合约和独立功能的元，可以独立部署。一个大数据服务可以表示为三元组<*ID*、*Prof*、*Endp*>：*ID* 表示一个大数据服务的唯一标识符；*Prof* 描述了大数据服务的功能，如大数据提供者、服务合约、隐私条款、QoS 等；*Endp* 是大数据服务与外界进行交互的端点集合。每个端点可以表示为一个 7 元组：<EID_i、$Sour_i$、$Func_i$、$Extn_i$、$Para_i$、$Trans_i$、$Cond_i$>，其含义如表 2-1 所示。

表 2-1　大数据服务 7 元组定义

符号	含义
EID_i	第 i 个端点的标识符
$Sour_i$	第 i 个端点的数据源集
$Func_i$	第 i 个端点从外部获得数据的功能集，操作记作 f
$Extn_i$	第 i 个端点向外部输出结果的功能集，操作记作 e
$Para_i$	第 i 个端点的参数集。和 $Func_i$ 有关的参数称作输入参数，记作 $Para_i$ (f)。和 $Extn_i$ 有关的参数称作输出参数，记作 $Para_i$ (e)
$Trans_i$	第 i 个端点的数据操作集合
$Cond_i$	第 i 个端点的行为约束，表示为 4 元组<$init$, $preCond$, $postCond$, $effect$>，$init$、$preCond$、$postCond$、$effect$ 分别表示初始条件、前置条件、后置条件和服务成功执行后触发事件

本书认为，大数据服务技术特征和学术范畴也是基于现有的知识体系发展而来的。从大数据服务的技术架构和目标来看，它与商业智能存在很多相似的地方。商业智能通常被理解为将企业中现有数据转化为知识，帮助企业改善和提高业务决策质量的重要工具。大数据服务作为封装的大数据处理，其核心也是从多源异构的大数据中，发现有价值的知识，并以恰当方式展现出来，提供给政府、企业、团体和个人，形成智慧或智能。与商务智能不同的是，大数据服务的数据源变成了以非结构化形式为主的数据，受众和服务对象变得更为广泛，应用领域涵盖了金融、电信、物流、旅游、文化等社会服务行业以及教育、医疗卫生、社会保障等公共服务和

个人的生活服务等。所以，大数据服务可以被看作具有黑盒特征的一种服务经济形式。输入的是数据，输出的是分析和解析后的结果或者数据本身，实现了数据的产品化、专业化、知识化和智慧化。

基于大数据体系架构以及大数据产业链的特点，可以把大数据服务分为以下几类：大数据查询服务、大数据分析服务、大数据可视化服务和大数据决策服务。

2.2.2.1　大数据查询服务

大数据查询服务是指大数据的拥有者对异构多源的数据进行收集、预处理和封装化处理，向用户提供所需的数据查询服务。在这种模式下，大数据的拥有者可能是数据的运营企业、专业的数据公司或者政府公共机构部门，服务的使用者可能是企业或者个人用户，提供的数据形式可能是原始数据或加工处理过的数据。如美国 Verizon 公司用收集的数据为用户提供精准营销服务，同时出售匿名化后的用户数据。国内领先的电子商务公司阿里巴巴在其运营平台上为不同类型的客户提供数据超市、数据魔方等数据业务。

2.2.2.2　大数据分析服务

大数据分析服务是指大数据服务商以服务的形式为企业或个人提供大数据分析、挖掘等服务。根据运行模式的不同，大数据分析服务又可分为离线大数据分析服务和在线大数据分析服务。SaaS 和 PaaS 模型属于在线分析服务形式。典型的案例有，BigQuery 利用 Google 公司强大的计算和存储能力来分析大数据以获得实时的商业洞察力，Twitter 基于事实搜索数据的产品满意度分析服务，Facebook 用自助式广告下单服务，雅虎公司用开源大数据分布式深度学习框架 BigML 提供了易于使用的机器学习服务。国内互联网公司也逐步开始提供大数据分析云服务，如阿里云的开放数据处理服务（ODPS）、百度的大数据营销服务"司南"等。

2.2.2.3　大数据可视化服务

文本信息是互联网和物联网传感器收集的主要信息类型，也是大数据时代典型非结构化数据类型，对于该类信息典型的大数据可视化技术是标签云（Tag clouds）（赵刚，2016），根据关键词的词频进行排序，用大小表示重要性和主体热度。为了反映文本信息中包含的空间、时间属性，Shreck 等（2013）集成了几种常见的文本可视化工具，形成了针对社会媒体的可视化分析原形系统。

2.2.2.4　大数据决策服务

专业的大数据咨询和技术服务，挖掘了新的知识，为商业竞争和经营活动提供了决策依据，实现了大数据的商业价值，如 Business Intelligence as a Service（BIaaS）（Zorrilla，2013）、Business Process as a Service（BPaaS）（Accorsi，2011）。此外，SAP 公司的 Business ByDesign 和 IBM 公司的 CloudBurst 两个产品，都是基于服务导向架构平台（SOA）设计并开发的企业资源管理解决方案，通过覆盖从前台到后台的各项应用，工作中心能满足企业可能涉及的所有业务需求。成立于 2009 年的阿里云，致力于提供安全、可靠的在线公共服务，其提供的大数据产品及服务如表 2-2 所示（何志康，2016）。

表 2-2　阿里云大数据服务

服务类型	功能
大数据基础服务	阿里云大数据服务的基石，解决数据的存、通问题；通过数加平台，用相同的数据标准将数据进行正确的关联，进而可以进行上层数据分析及应用，包含大数据计算服务、DataWorks、分析型数据库、流计算和数据集成
数据分析及展现	通过数据分析及产品展示，用户可以实现用数据来主动发现业务问题、实现现有信息的预测分析和可视化，以帮助用户更好地讲故事，帮助企业快速获得切实有效的业务见解。包括以下产品：DataV 数据可视化、Quick BI、画像分析、关系网络分析等
数据应用	把用户、数据和算法巧妙连接起来的是数据应用。数加平台提供的数据应用产品完全具备智能模块和学习功能，将助力企业颠覆传统商业。包含以下产品：搜索引擎、公众趋势分析、企业图谱、营销引擎等服务产品
人工智能	大数据真正的价值是算法，算法决定行动，算法也是"机器学习"的核心，机器学习又是"人工智能"的核心。数加平台通过机器学习促成了语音、图像、视频识别等的大力发展。包含以下产品：机器学习、智能语音交互、印刷文字识别、人脸识别服务产品

2.2.3　大数据服务架构

不同的研究文献对大数据服务架构给出了不同的定义。下面列出几种典型的大数据服务架构。

Zheng Z 等（2013）主要研究了目前各种形式的面向服务系统产生的大数据，他们将大数据服务抽象为三层：大数据基础设施即服务（Big Data Ingrastructure-as-a-Service，BDIaaS）、大数据平台即服务（Big Data Platform-as-a-Service，BDPaaS）和大数据分析软件即服务（Big Data Analytics Software-as-a-Service，BDASaaS）。大数据基础设施即服务利用云计算平台的 IaaS，运用两项基础服务［存储即服务（Storage-as-a-Service）和计算即服务（Computing-as-a-Service）］存储和处理大量数据。与 IaaS 不同，BDIaaS 提供快速访问和处理性能以满足大数据速度快和多样化的特点。大数据平台即服务提供了面向大数据集的访问、分析和构建分析应用的功能。大数据分析软件即服务使用大量的结构化和非结构化数据，发现其中蕴含的知识，是一种典型的网站托管、多租户、Hadoop、noSQL 多种模式发现和机器学习方法，使用户不用考虑底层的数据存储、管理和分析过程，可方便使用基于 Web 的分析服务。如图 2-4 所示。

图 2-4　大数据服务架构 1

Pedrycz 等（2014）把大数据服务抽象为四层模型，除了基于云计算框架的三层结构外，在最高层 SaaS 上又抽象出 BI 层，主要实现大数据的价值发现，包括业务流程即服务（Business Process aaS）和商业智能即服务（Business Intelligence aaS），主要目标是向用户提供大数据的分析服务。

同时，该架构也把目前常见的几种在线服务形式如数据即服务等进行了集成。该大数据服务架构如图 2-5 所示。

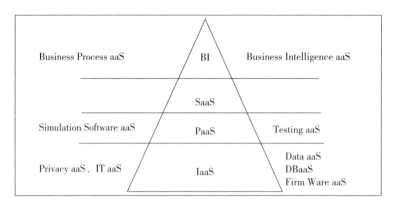

图 2-5　大数据服务架构 2

Bhagattjee（2014）给出的大数据服务架构如图 2-6 所示。最上面是通过可分析底层数据的云计算平台进行高级别分析应用的数据分析层，如 R 或者 Tableau。该层可以针对不同行业进行专业化的定制，如金融行业可以利用该层完成风险监控、业务操作、模拟股票价格等功能。数据管理层提供分布式的数据管理和处理服务，如 Amazon 的关系数据库服务（RDS），可以提供周期性的数据备份功能，易于部署并且能够降低维护的资源需求。计算层提供计算服务，如 Amazon 的弹性 Map Reduce（EMR），用户可以编写程序进行数据操作并把结果存储在平台上。数据存储层提供按需存储服务，比较典型的就是 HDFS 文件系统，由一个名字节点和若干数据节点组成，实现按需的弹性调度存储。

从以上内容可以看出大数据服务与云计算之间的密切关系，大数据服务建立在云计算的 IaaS、PaaS 和 SaaS 基础之上，构建面向应用领域的服务层，提供大数据服务。因为大数据服务对存储、计算等基础设施的需求更为强烈，所以大数据服务与 IaaS 层的结合程度要超过另外两个层次。同时，大数据服务中一些非 Web 形式访问的服务，如可视化技术和方法服务，多以 SaaS 形式提供。

Hashem 等（2015）给出的云环境下大数据框架如图 2-7 所示，说明了大数据在框架中的流转以及大数据服务的各个关节，同时也说明了云计

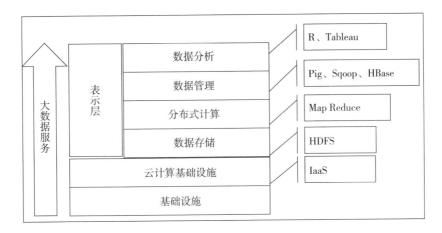

图 2-6　大数据服务架构 3

算在大数据服务中起到的数据存储作用。

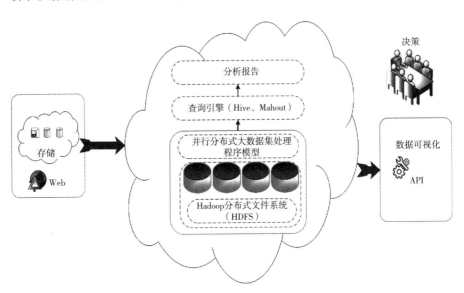

图 2-7　云环境下的大数据框架

2.3 大数据流动的信息生命周期

2.3.1 信息生命周期

信息生命周期概念研究始于 20 世纪 80 年代，从时间顺序来看，经历了起源到发展的过程。1981 年，Levitan（2010）认为，信息或信息资源是一种包括生长、组织、维护、分配的"特殊商品"，具有生命周期的特征。1982 年，Taylort（2010）将信息生命周期的整个过程划分为数据、信息、告知的知识、生产性知识和实际行动 5 个阶段。Horton（1979）在 *Information Resource Management* 一书中对信息生命周期的内涵进行了界定，认为信息生命周期由一系列逻辑上相互关联的阶段组成，包括需求、收集、传递、处理、存储、传播、利用等阶段。这些研究成果可以看作信息周期概念的起源阶段，人们意识到，像其他个体从出生到死亡的过程一样，信息也具有产生到消亡的运动规律，也具有周期性和阶段性的特征。关于信息生命周期的划分主要有两类：一是包含创造、交流、利用、维护、恢复、再利用、再包装、再交流、降低等级、处置 10 个阶段的基于信息载体与信息交流的信息生命周期。二是包含需求、收集、传递、处理、存储、传播、利用 7 个阶段的基于信息利用和管理需求的信息生命周期。2000 年 10 月，文件成像应用技术委员会通过 405 号决议，建议将"信息与文献技术委员会"一个分委会改为"信息生命周期管理"技术委员会，认为信息生命周期包括生成、获取、存储、检索、呈现等过程。至此，信息生命周期进入主流视野，IDC、EMC 等存储服务商拓展了信息生命周期外延，基于数据服务层级的要求，提出了面向企业级数据存储的信息生命周期管理理念和方案。

我国学者近几年也对信息生命周期理论进行了研究。索传军（2010）总结了前人的研究成果，将信息生命周期概念分为三类：基于信息管理、基于信息运动、基于信息存储。第一类从管理视角，将信息生命周期看作信息处理程序的组合或者一种管理过程。第二类视角将信息生命周期看作一种内在循环往复过程，主要从信息运动角度阐述信息规律性特征。两者在研究目的、研究性质、研究的角度与对象方面均存在着差异，需要对此进行界定。第三类视角从组织成本收益的角度将信息生命周期看作实现组织数据价值最大化的工具。望俊成（2010）认为信息的生命周期就是随着时间推移信息老化的过程，信息资源及其内容会随时间的推移而变得陈旧，满足决策支持或用户认知的价值不断减少甚至丧失。

2.3.2　大数据信息生命周期

随着近几年对大数据研究的深入，学者们也开始关注大数据背景下信息生命周期理论。杜彦峰（2015）认为，信息生命周期包括信息采集、存储、处理、传播、利用等阶段，并指出在大数据技术的支持下，信息再利用成为可能，信息会出现多次或无限次延续的现象。

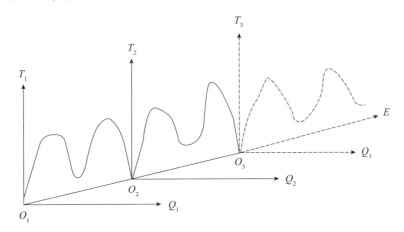

图 2-8　大数据技术下的信息生命周期

如图 2-8 所示，T_1、T_2、T_3 表示周期；O 表示信息休眠点；Q_1、Q_2、Q_3 表示空间；E 表示激活要素，包括主体信息需求、关联信息和新信息技术等要素。信息经历一个信息生命周期之后被存储至云端，可以认为信息处于休眠状态。当积累了足够的激活要素，如主体信息需求、关联信息和新信息技术等要素之后，信息被激活并处于另外一个生命周期，直到再次进入云环境中，进入休眠等待下一次激活，如此循环往复。

朱光（2017）针对大数据采集、云数据存储、数据流动及分布式云服务等阶段的不同特征，将大数据流动的信息生命周期划分为数据采集、数据组织和存储、数据流动和传播、数据利用和服务、数据迁移和销毁五个过程，以便进行安全风险的识别，具体环节如图2-9所示。数据采集环节是根据应用背景和系统要求对各类数据进行收集和聚合的过程；数据组织和存储环节负责将海量、异构数据进行筛选、分析、优化等，转化为便于用户使用的统一数据模式；数据的流动和传播阶段依托于网络通信技术，联通各种数据存储设备，实现数据从静态模式的低效使用到动态模式的高效共享；数据利用和服务阶段是用户利用数据的过程，是大数据流动的目的，通过建立搜索引擎以及数据增值服务和优化等技术提高数据利用质量；数据迁移和销毁阶段主要对丧失商业价值的数据进行迁移，对没必要保存的数据予以消除和销毁，可以被看作大数据流动的终点。

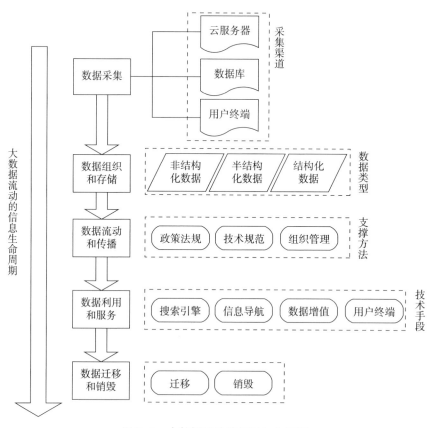

图2-9　大数据流动的信息生命周期

马晓亭（2016）把大数据生命周期划分为大数据产生与发布、大数据采集与传输、大数据云存储、大数据计算与分析、大数据应用决策等过程，如图 2-10 所示。

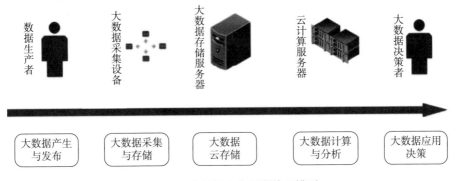

图 2-10　大数据生命周期管理模型

2.4　模糊及区间数相关理论基础

2.4.1　多重犹豫模糊语言

因为决策环境复杂，所以专家对决策对象无法给出精确的描述。模糊数是更为科学的表示方法。Torra 把经典模糊集理论推广为犹豫模糊数，把隶属度描述为若干个介于 [0，1] 之间的数，以便能够更好地描述决策者犹豫的、不确定的心理状态。例如，四个专家对某一个方案或指标进行决策评价，分别给出了 0.35、0.52、0.61 和 0.7 的评价值且彼此不能达成共识，此时用 {0.35，0.52，0.61 和 0.7} 能较准确地反映专家对待方案的犹豫程度，具有更强的操作性。另外，决策者在描述偏好信息时，更喜欢用"很好""比较差"等自然语言来表达自己的意见，

定义 2-1（章恒，2017）　设 $X = \{x_1，x_2，\cdots，x_n\}$ 为一非空集合，关于 X 的犹豫模糊集 A 定义为函数 $h_A(x)$ 的形式，该函数返回区间 [0，1] 上的子集。其中：

$$A = \{< x, h_A(x) > | x \in X\}$$

其中，$h_A(x)$ 表示由区间 $[0, 1]$ 上不同值构成的集合，代表 $x \in X$ 对 A 可能的隶属度。$h_A(x)$ 称为犹豫模糊元，是犹豫模糊集的基本单元。设 $X = \{x_1, x_2, \cdots, x_n\}$ 为非空集合，$h_A(x)$ 为定义在 $x \in X$ 上的犹豫模糊集，则犹豫模糊集 $h_A(x)$ 的得分函数如式（2-1）所示：

$$s(h_A(x)) = \frac{1}{l(h)} \sum_{\gamma \in h_A(x)} \gamma \tag{2-1}$$

其中，$l(h)$ 表示犹豫模糊集 $h_A(x)$ 中元素的个数。则两个犹豫模糊集 $h_A(x_1)$ 和 $h_A(x_2)$ 之间的关系可以用得分函数判断：

（1）若 $s(h_A(x_1)) > s(h_A(x_2))$，则 $h_A(x_1) > h_A(x_2)$；

（2）若 $s(h_A(x_1)) = s(h_A(x_2))$，则 $h_A(x_1) = h_A(x_2)$。

本书应用多重犹豫模糊术语的集结算子概念，用以对专家评价的犹豫模糊数进行集结，下面给出相关的犹豫模糊语言集、多重犹豫模糊集、多重犹豫模糊术语等概念。

设 X 为参考集，$S = \{s_k | s_0 \leqslant s_k \leqslant s_{2g}, k \in [0, 2g]\}$ 是一语言术语集，则定义在 X 上的犹豫模糊语言变量集用函数 h_{LS} 表示，该函数返回结果为 S 的子集。二元语义表达模型使用符号转换（Symbolic Translation）参数加强了语言术语计算的准确性，从而完善了模糊语言方法。

设 s_k 是集合 S 中的一个语言术语，则符号转换函数 $\theta: S \rightarrow [-0.5, 0.5)$，$\theta(s_k) = (s_k, 0)$，$s_k \in S$ 可将 s_k 转换为二元语义。设 $S = \{s_i | i = 0, 1, 2, \cdots, 2g, g \in \mathbb{N}\}$ 是语言术语集，$\beta \in [0, 2g]$ 是符号集成操作的一个值，二元语义表示为 (Γ_i, α_i) 满足 $\Gamma_i \in S$，$\alpha_i \in [-0.5, 0.5)$，则两者之间的转换可以通过 Δ 和 Δ^{-1} 函数实现。函数定义如下：

（1）$\Delta: [0, 2g] \rightarrow S \times [-0.5, 0.5)$，$\Delta(\beta) = (\Gamma_i, \alpha_i)$，$I(\Gamma_i) = round(\beta)$，$\alpha_i = \beta - I(\Gamma_i)$，其中，$round$ 为普通的取整函数。

（2）$\Delta^{-1}: S \times [-0.5, 0.5) \rightarrow [0, 2g]$，$\Delta^{-1}(\Gamma_i, \alpha_i) = I(\Gamma_i) + \alpha_i = \beta$。

任意两个二元语义 (Γ_i, α_i) 和 (Γ_j, α_j)，两者之间比较规则为：

1）如果 $I(\Gamma_i) < I(\Gamma_j)$，则 $I(\Gamma_i, \alpha_i) < I(\Gamma_j, \alpha_j)$。

2）如果 $I(\Gamma_i) = I(\Gamma_j)$，则：

（a）当 $\alpha_i < \alpha_j$ 时，则 $I(\Gamma_i, \alpha_i) < I(\Gamma_j, \alpha_j)$。

（b）当 $\alpha_i = \alpha_j$ 时，则 $I(\Gamma_i, \alpha_i) = I(\Gamma_j, \alpha_j)$。

（c）当 $\alpha_i > \alpha_j$ 时，则 $I(\Gamma_i, \alpha_i) > I(\Gamma_j, \alpha_j)$。

定义 2-2（Wang J et al., 2016）　设 X 为参照集合，X 上的多重犹豫模糊集（Multi-Hesitant Fuzzy Set, MHFS）可以被看作返回 $[0, 1]$ 值多个子集的函数。令 $\hat{S} = \{s_k \mid k \in [0, l]\}$ 是一个连续的语言术语集，满足：当 $i>j$，$s_i>s_j$ 且 l 是大于 $2g$ 的正整数时，则 X 上的多重犹豫模糊术语集（Multi-Hesitant Fuzzy Linguistic Term Set, MHFLTS）H_{MS} 可以看作返回 $\hat{S}$ 上多个子集函数，即 $H_{MS} = \{\langle x, h_{MS}(x)\rangle \mid x \in X\}$。$h_{MS}(x)$ 表示 $x \in X$ 所有可能的隶属度，被称为多重犹豫模糊术语元素（Multi-Hesitant Fuzzy Linguistic Term Element, MHFLTE）。

设 $\hat{S} = \{s_k \mid k \in [0, l]\}$，$S^* = \{s_i \mid i = 0, 1, \cdots, l\}$，$\hat{S}^* = S^* \times [-0.5, 0.5)$ 表示集合 S^* 上的二元语义。则语言函数 $\nu: \hat{S} \to \mathbb{R}^+$ 为严格单调递增函数，满足 $\nu(s_0) = 0$ 和 $\nu(s_{2g}) = 1$。语言函数 $\Delta_*: \mathbb{R}^+ \to \hat{S}^*$ 是严格单调递增连续函数，满足 $\Delta_*(0) = (s_0, 0)$ 和 $\Delta_*(1) = (s_{2g}, 0)$。这两种语言函数的递函数分别记为 $\nu^{-1}(\cdot)$ 和 $\Delta_*^{-1}(\cdot)$。

式（2-2）至式（2-5）是几种常用的语言函数 $\nu(\cdot)$ 的表示方式。

$$\nu(s) = \frac{I(s)}{2g}(I(s) \in [0, l]) \tag{2-2}$$

$$\nu(s) = \left(\frac{I(s)}{2g}\right)^g(I(s) \in [0, l]) \tag{2-3}$$

$$\nu(s) = \left(\frac{I(s)}{2g}\right)^{\frac{1}{g}}(I(s) \in [0, l]) \tag{2-4}$$

$$\nu(s) == \begin{cases} \dfrac{a^g - a^{g-I(s)}}{2a^g - 2}(I(s) \in [0, g]) \\ \dfrac{a^g + a^{I(s)-g} - 2}{2a^g - 2}(I(s) \in [g, l]) \end{cases} \tag{2-5}$$

函数 $\Delta_*(\delta) = (\Gamma_j, \alpha_j)$ 的形式如式（2-6）所示。学者运用经验或主观方法，通过大量的实验证实式（2-5）和式（2-6）中的 a 通常位于 $[1.36, 1.4]$ 区间内。

$$
\begin{cases}
I(\Gamma_j) = \begin{cases} g - round(\log_a(a^g - 2\delta(a^g - 1))) & (\delta \leqslant 0.5) \\ g + round(\log_a(2\delta(a^g - 1) - a^g + 2)) & (\delta > 0.5) \end{cases} \\
\alpha_j = \begin{cases} g - \log_a(a^g - 2\delta(a^g - 1)) - I(\Gamma_j) & (\delta \leqslant 0.5) \\ g + \log_a(2\delta(a^g - 1) - a^g + 2) - I(\Gamma_j) & (\delta > 0.5) \end{cases}
\end{cases} \tag{2-6}
$$

定义 S^* 上的二元语义 $\hat{S}^*$ 的二元运算符 $\oplus_{2TL}$：$\hat{S}^* \times \hat{S}^* \to \hat{S}^*$，对于任意两个二元语义 (Γ_i, a_i) 和 (Γ_j, a_j)，$\oplus_{2TL}$ 的运算规则为：

$$
(\Gamma_i, \alpha_i) \oplus_{2TL} (\Gamma_j, \alpha_j) = \Delta_*(\Delta_*^{-1}(\Gamma_i, \alpha_i)) + \Delta_*(\Delta_*^{-1}(\Gamma_j, \alpha_j))
$$

$$(2-7)$$

为了实现对多重犹豫模糊二元语义元素进行综合比较，以便对元素进行排序，需要二元语义集的得分函数和精度函数。

设 X 是参照集合，$\hat{S}$ 是其上连续语言术语集。h_{MS} 是 $\hat{S}$ 上任意多重犹豫模糊术语元素，其对应的二元语义集为：$\hat{h}_{MS} = \{(\Gamma_i, \alpha_i) \mid i = 1, 2, \cdots, l(\hat{h}_{MS})\}$，得分函数和精度函数定义如下（Wang J 等，2016）：

$$
S(\hat{h}_{MS}) = \frac{1}{l(\hat{h}_{MS})} \sum_{(\Gamma_i, \alpha_i) \in \hat{h}_{MS}} \Delta_*^{-1}(\Gamma_i, \alpha_i)
$$

$$
A(\hat{h}_{MS}) = \frac{1}{l(\hat{h}_{MS}) - 1} \sum_{(\Gamma_i, \alpha_i) \in \hat{h}_{MS}} (\Delta_*^{-1}(\Gamma_i, \alpha_i) - S(\hat{h}_{MS}))^2
$$

根据得分函数和精度函数，可以得到两个 MHFTLE $\hat{h}_{MS}^1$ 和 $\hat{h}_{MS}^2$ 的比较规则：

（1）若 $S(\hat{h}_{MS}^1) < S(\hat{h}_{MS}^2)$，则 $\hat{h}_{MS}^1 < \hat{h}_{MS}^2$。

（2）若 $S(\hat{h}_{MS}^1) = S(\hat{h}_{MS}^2)$ 且 $A(\hat{h}_{MS}^1) > A(\hat{h}_{MS}^2)$，则 $\hat{h}_{MS}^1 < \hat{h}_{MS}^2$。

（3）若 $S(\hat{h}_{MS}^1) = S(\hat{h}_{MS}^2)$ 且 $A(\hat{h}_{MS}^1) = A(\hat{h}_{MS}^2)$，则 $\hat{h}_{MS}^1 = \hat{h}_{MS}^2$。

为了实现专家意见的集结，以便得到综合性的隶属度数据，需要对多个 MHFTLE 信息进行集结，下面引入两个算子多重犹豫二元语义加权平均算子（G2TLWA）和同时考虑语言信息的位置权重和自身权重的多重犹豫二元语义有序加权平均算子（G2TLOWA）。

定义 2-3（Wang J et al.，2016）设 X 是参照集合，$\hat{S}$ 是其上连续语言术语集。$h_{MS}^i(i = 1, 2, \cdots, n)$ 是 $\hat{S}$ 上 n 个多重犹豫模糊术语元素，其对应

的二元语义为 $\hat{h}^i_{MS}$。$\hat{h}^i_{MS}$ 的权重向量为 $W = (w_1, w_2, \cdots, w_n)$，$w_i \geq 0$ 且 $\sum_{i=1}^n w_i = 1$，$\lambda > 0$。算子 $\text{G2TLWA}: \hat{H}^n_{MS} \to \hat{H}_{MS}$ 定义为：

$$\text{G2TLWA}_\lambda(\hat{h}^1_{MS}, \hat{h}^2_{MS}, \cdots, \hat{h}^n_{MS}) = (\overset{n}{\underset{i=1}{\oplus}}(w_i(\hat{h}^i_{MS})^\lambda))^{\frac{1}{\lambda}}$$

$$= \bigcup_{(\Gamma_1, \alpha_1) \in \hat{h}^1_{MS}, (\Gamma_2, \alpha_2) \in \hat{h}^2_{MS}, \cdots, (\Gamma_n, \alpha_n) \in \hat{h}^n_{MS}} \left\{ \Delta_* \left(\left(\sum_{i=1}^n w_i (\Delta_*^{-1}(\Gamma_i, \alpha_i))^\lambda \right)^{\frac{1}{\lambda}} \right) \right\}$$

(2-8)

定义 2-4 设 X 是参照集合，$\hat{S}$ 是其上连续语言术语集。h^i_{MS}（$i = 1$, 2, $\cdots$, n）是 $\hat{S}$ 上 n 个多重犹豫模糊术语元素，其对应的二元语义集 $\hat{h}^i_{MS}$，$\hat{h}^{\sigma(i)}_{MS}$ 是二元语义集上第 i 大的元素。$\hat{h}^{\sigma(i)}_{MS}$ 的权重向量为 $\Omega = (\omega_1, \omega_2, \cdots, \omega_n)$，$\omega_i \geq 0$ 且 $\sum_{i=1}^n \omega_i = 1$。$\lambda > 0$。算子 $\text{G2TLOWA}: \hat{H}^n_{MS} \to \hat{H}_{MS}$ 定义为：

$$\text{G2TLOWA}_\lambda(\hat{h}^1_{MS}, \hat{h}^2_{MS}, \cdots, \hat{h}^n_{MS}) = (\overset{n}{\underset{i=1}{\oplus}}(w_i(\hat{h}^{\sigma(i)}_{MS})^\lambda))^{\frac{1}{\lambda}}$$

$$= \bigcup_{(\Gamma_{\sigma(1)}, \alpha_{\sigma(1)}) \in \hat{h}^{\sigma(1)}_{MS}, (\Gamma_{\sigma(2)}, \alpha_{\sigma(2)}) \in \hat{h}^{\sigma(2)}_{MS}, \cdots, (\Gamma_{\sigma(n)}, \alpha_{\sigma(n)}) \in \hat{h}^{\sigma(n)}_{MS}} \times$$

(2-9)

$$\left\{ \Delta_* \left(\left(\sum_{i=1}^n w_i (\Delta_*^{-1}(\Gamma_{\sigma(i)}, \alpha_{\sigma(i)}))^\lambda \right)^{\frac{1}{\lambda}} \right) \right\}$$

2.4.2 区间数理论基础

区间数可以被看作实数集 $\Re$ 的子集，设 $U = [u^-, u^+]$ 是有界的闭区间，如果 $[u^-, u^+] \in \Re$，则 U 为区间数，u^-、u^+ 分别称为实数域上的区间数 U 的左确界和右确界。实数域 $\Re$ 上的区间数全体可以记为 $I_\Re$，则：

$$\begin{cases} I_\Re = \{[u^-, u^+] \mid u^- \leq u^+, u^-, u^+ \in \Re\} \\ I_\Re^+ = \{[u^-, u^+] \mid 0 \leq u^- \leq u^+, u^-, u^+ \in \Re\} \\ I_\Re^- = \{[u^-, u^+] \mid u^- \leq u^+ \leq 0, u^-, u^+ \in \Re\} \end{cases}$$

当 $u^- = u^+$，$[u^-, u^+]$ 可以表示为 $[u^-, u^+] = \{u^-\} = u^-$。

设 $U = [u^-, u^+] \in I_\Re$，则可以获得计算区间数的中心与半径公式分

别为 $m(U)=\dfrac{1}{2}(u^-+u^+)$，$w(U)=\dfrac{1}{2}(u^+-u^-)$，从这两个值也可以获得区间数的左右确界。

$$\begin{cases} u^-=m(U)-w(U) \\ u^+=m(U)+w(U) \end{cases}$$

如果存在区间数 $[u^-,u^+]$，$[v^-,v^+]\in I_\Re$，区间数的四则运算法则可以表示为：

$$[u^-,u^+]+[v^-,v^+]=[v^-+u^-,v^++u^+]$$

$[u^-,u^+]-[v^-,v^+]=[v^--u^-,v^+-u^+]$ $[u^-,u^+]-[v^-,v^+]=[v^--u^-,v^+-u^+]$

$$[u^-,u^+]\cdot[v^-,v^+]=[\min\{v^-u^-,v^-u^+,v^+u^-,v^+u^+\},\max\{v^-u^-,v^-u^+,v^+u^-,v^+u^+\}]$$

$$[u^-,u^+]\div[v^-,v^+]=\left[\dfrac{u^-}{v^+},\dfrac{u^+}{v^-}\right]$$

为了实现区间数的比较，需要定义区间数上的序关系。

Hu 和 Wang（2017）给出了区间数上序关系的定义，设 $U,V\in I_\Re$，定义 $U\le V$，当且仅当 $m(U)<m(V)$ 或 $m(U)=m(V)$，$w(U)=w(V)$。$U<V$ 当且仅当 $U\le V$，且 $U\ne V$。$(I_\Re,V)$ 是一个全序集，满足以下条件：

（1）自反性：$U\le U$，$\forall U\in I_\Re$。

（2）反对称性：$U\le V$，$V\le U\Rightarrow V=U$，$\forall U,V\in I_\Re$。

（3）传递性：$U\le V$，$V\le W\Rightarrow U\le W$，$\forall U,V,W\in I_\Re$。

（4）可比性：$\forall U,V\in I_\Re$，$U\le V$ 或 $V\le U$。

Segupta 等（2000）给出了一种度量两个区间数优劣势的可接受函数定义。

设区间数 $U,V\in I_\Re$，当 $m(U)\le m(V)$ 时，它们之间存在一种扩展序关系 $U\triangleleft V$，如果这种关系是可以被接受的，表明就取值而言，U 与 V 相比处于劣势。这种劣势（或优势）可以由可接受函数 $A_\triangleleft:I\times I\to[0,\infty)$ 度量。

$$A_\triangleleft(U,V)=\dfrac{m(V)-m(U)}{w(V)+w(U)}=\begin{cases} =0 & \text{if } m(U)=m(V) \\ >0,\ <1 & \text{if } m(U)<m(V)\wedge u^+>v^- \\ \ge 1 & \text{if } m(U)<m(V)\wedge u^+\le v^- \end{cases}$$

如果 $A_\triangleleft(U,V)=0$，表明假设不能接受，如果 $A_\triangleleft(U,V)\ge 1$，表明

假设可以接受。为了平衡收益和风险两者之间的关系，Segupta 以悲观决策者准则描述决策者在两者之间的权衡。

假设 1：更好的值优于较好的值。

假设 2：较低的不确定性优于较高的不确定性。

从悲观决策者来说，假设 2 比假设 1 更重要。也意味着相对于收益，悲观决策者更偏向于规避风险。对区间型 QoS 风险元而言，假设这种心理状态与服务选择时的心理状态一致，则可以用该准则作为区间数的序关系判断依据。

2.5　本章小结

本章介绍了大数据服务的相关基础理论。首先介绍了云计算的概念和常用服务模式，以及大数据的出现和大数据的数据采集与预处理、数据解析、数据可视化、基于数据的决策分析等处理技术。其次从技术、数据传输和大数据分析需求周期三个方面分析了大数据服务产生的动因，总结了目前关于大数据服务的几种不同定义和架构概念。最后介绍了信息生命周期和大数据信息生命周期的概念。本章旨在介绍一些与本书研究内容相关的理论和方法，为下文的展开性研究奠定基础。

第❸章
云环境下大数据服务
存储期风险评估模型

　　云计算环境是各类大数据服务运行的重要基础，也是大数据服务信息链的第一个阶段。分布式虚拟化系统是该阶段的主要特征，不仅形式多样、规模巨大，还具有显著的动态性、移动性和虚拟性等特点，这些特点导致运行环境的脆弱性增加并发生扩散。关于云环境的风险评估研究成果有很多，这些成果围绕着不同的云平台系统，从不同的角度进行了研究。但随着大数据服务的快速发展，数据的核心地位并未在云计算风险评估研究中得到体现，将动态风险思想引入评估过程的研究也很少见。本章从数据资产的角度，结合动态风险评估方法，以二元语义的犹豫模糊语言作为评估介质，构建云环境下大数据服务的风险评估模型。

3.1　大数据服务存储期数据资产评估模型

3.1.1　存储期工作方式和特点

3.1.1.1　存储期工作方式

　　随着大数据时代的到来，大数据已渗入社会的方方面面，数据来源、数据特征、数据规模都在发生着质变，大数据也呈现出规模巨大、动态演变、关联复杂、分布广泛的特点，数据形式由传统的结构化数据向各类异构数据转变，其体量、复杂性和速度都超出了现有的技术手段。云环境下大数据服务的运行环境和技术基础是分布式的云计算。该环境支撑了大数据存储、检索、索引管理以及结构化和非结构化大数据表示等任务。

3.1.1.2　存储期工作特点

（1）虚拟化技术的广泛应用。

大数据服务存储期主要借助于云计算的基础设施即服务（IaaS）来实现网络、存储和数据管理功能。对于 IaaS 平台，虚拟化技术是其最重要的技术之一。虚拟化是经过脱耦合的方式实现不同层次架构分离，从而实现对各种计算机基础设施抽象化表示的方法，能够达到简化资源管理配置、快速硬件扩充的目的。现代的虚拟化技术不仅限于对操作系统进行虚拟化，内存、网络、文件、存储等硬件资源都可以进行虚拟化。

从虚拟化的视角来看，IaaS 层包括底层物理层和虚拟化层两个部分。物理层由规模巨大的服务器或 PC 构成集群、计算设施以及存储设施组成；虚拟化层由虚拟机、虚拟机监控器、虚拟化软件和虚拟化网络组成（李传龙，2014），如图 3-1 所示。通常来说，IaaS 平台主要包括以下三种虚拟化技术：服务器虚拟化、存储虚拟化和网络虚拟化。

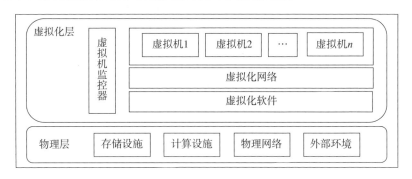

图 3-1　IaaS 层虚拟化架构

（2）分布智能化。

随着大数据服务应用场景丰富化，越来越多的需求呈现碎片化和离散化特点，技术也随之快速更迭，从大型机的集中处理到后来的分布式计算，再到最新出现的软件定义存储（Software Defined Storage，SDS），都说明了云存储环境和技术架构正在演变。传统云数据中心分散在物理上不同的地域，甚至跨域不同的国家，对用户来说是一个逻辑的整体。而 SDS 可以通过软件定义数据中心的服务器、网络、存储等资源，以生成的计算原子为单位，根据业务流程需求实现自动分配或取消。此外，在分布式数据库领域，Google 的

Spanner 是一个能够实现可扩展、多版本、支持同步复制的全球级的分布式数据库（Globally-Distributed Database）。这些都充分说明了云计算环境随着业务需求的变化，在数据管理方面向着分布式、智能化的方向发展。

（3）新兴数据管理技术出现。

大数据出现之前，数据多是来自各类信息系统产生的结构化数据。数据管理的主要技术是传统的关系型数据库，主要应用以面向在线事务处理的各类应用需求为主，多采用行存储方式以适应频繁的数据修改和查询操作。随着大数据时代的到来，基因、社交媒体、气象、医疗、金融等领域都在快速产生各类非结构化数据，这类数据的特征提取以及半结构化数据的内容管理都给传统关系型数据库带来了挑战。为了适应挑战，数据管理技术和产品也在不断发展和创新，如具备高扩展能力的大规模分布式计算（Massively Parallel Processor，MPP）架构，如图 3-2 所示，在保证数据高可用的基础上，大大降低了数据的处理成本。大数据存储有三种典型的技术路线：面向行业大数据采用 MPP 架构新兴数据库集群，基于 Hadoop 扩展和封装 NoSQL 技术，第一种可以应对 PB 级别结构化数据分析，第二种适合进行非结构化或半结构化数据处理以及复杂的数据挖掘任务，最后一种是大数据一体机，这是一种为大数据分析设计的软硬件结合产品。

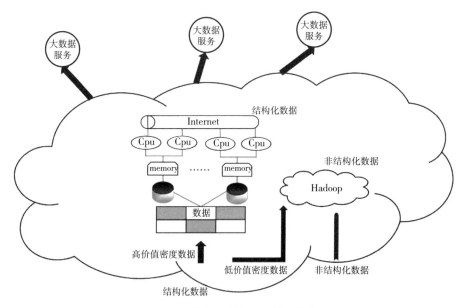

图 3-2 大数据服务数据管理技术

3.1.2　数据资产分析

大数据时代，生产要素由原来的劳动工具、劳动力和劳动对象等组成形式演变成以数据（信息）为核心要素的形式。数据的收集、分析、处理成为企业间运营管理、竞争取胜的关键要素。特别是云环境下的大数据服务，原始数据经过收集、清理、分析、可视化等过程对外以服务形式提供价值和决策依据。

关于大数据，目前理论界并未有统一的定义。互联网数据中心（Internet Data Center，IDC）、麦肯锡、Sciences 期刊从不同角度对大数据的概念进行了定义。从会计角度，刘玉（2014）认为，大数据资产是能够数据化，并且能通过数据挖掘给企业未来经营带来经济利益的数据集合，包括图像、方位、文字、数字等形式可"数据化"的信息。大数据资产需要依赖于实物载体存在，如各类存储介质。大数据以抽象的形态存储于载体中，但资产的价值与存储的介质无关。刘琦等（2016）从来源、所属产业、产权主体和数据拥有四个方面对大数据进行分类，如表 3-1 所示。

从现有的技术条件和大数据应用情况来看，大数据具有资产的特征，即共享性、冗余性、多样性、时效性和无消耗性，如表 3-2 所示。

表 3-1　大数据分类

依据	类型	分类描述
大数据来源	互联网数据	大数据的主要来源。用户行为数据、社交网络用户生成数据（如音视频数据）、地理位置数据、消费数据、互联网金融数据
	科研数据	科研大数据主要指科研机构掌握的数据，这些机构往往具有性能先进的计算机设备，可以进行复杂的科学计算，如 GIS 数据、基因数据、气象数据等
	感知数据	利用传感器设备、RFID、定位设备等构件的物联网采集的数据，和互联网数据一样，也是大数非常重要的来源之一。各类工业设备、汽车、智慧城市建设都包括大量的传感设备，随时测量、生成海量的感知数据
	企业数据	企业数据可以分为内部数据和外部数据。内部数据是企业内部信息系统和物联网设备生成的数据。外部数据是企业运营活动与外部联系产生的运营数据

依据	类型	分类描述
所属产业	农业	在农业生产过程中,利用数据采集设备采集的土壤、气候、日照、降雨量等生产环境数据,以及种子生长、化肥等生产资料数据,利用这些数据可以分析生产条件,以便进行科学的农业活动
	工业	随着工业化和信息化的融合,在生产环境检测、供应链管理、远程医疗诊断等活动中产生的互联网或者物联网数据,利用这些数据可以提升企业的经营效益,实现安全生产
	服务业	服务类企业和组织在提供服务的过程中收集的消费者相关信息,如浏览数据、交易数据、物流数据、实践数据等
数据主体性质	个人数据	因个人行为或特征而产生的数据
	组织数据	组织在研发、调研、生产等过程中产生的组织行为数据
	关系型数据	人和组织相互关联、相互作用而产生的存在于人与人、个人与组织、组织与组织之间的数据
数据拥有和控制	第一方数据	数据的直接生产者,掌握数据并对数据实施控制,利用数据挖掘或数据服务的方式创造数据的附加价值
	第二方数据	通过中介服务所获得的数据。如第三方支付平台,作为支付通道,需要从银行等部门获得相关数据
	第三方数据	通过爬虫技术获取的海量数据,如搜索引擎公司获取的互联网地址信息等

表 3-2　大数据资产特征

特征	特征描述
共享性	互联网大数据中很大一部分来自用户数据的共同积累,可以看作由不同用户主体同时共享的财富,这样的共享性不会给应用主体带来损失
冗余性	大数据的特征之一是价值密度低,大量数据中有价值的数据非常少,存在很多低价值数据
多样性	多样性来自两点:一是大数据商业功能的多样性,如租售数据模式、数据空间运营、数字媒体等形式;二是功能多样性,根据不同主体的需求,实现多种不同的功能

续表

特征	特征描述
时效性	很多类型的大数据具有较强的时效性，在特定时间拥有最大的价值，如气象数据、交通拥堵数据，其价值与时间呈减函数关系
无消耗性	数据资产的价值不会因为使用次数和强度的增加而产生损耗

3.1.3　数据重要性评估指标构建

从无形资产的角度来看，大数据资产具有三个特征：一是非实物性；二是收益性；三是不确定性（徐漪，2017）。无形资产的典型特征是一种隐性的虚拟资产，而不是一种显性的实物资产。虽然，数据资产需要存储在物理介质中，具有一定的物质形态，但是，决定其价值的是内含的数据而与存储数据的介质无关。所以，数据资产也是一种无形资产。根据《企业会计准则》的有关条款，无形资产应该能够为企业带来经济利益。企业通过对数据资源的分析挖掘，获得商业情报资源，占据竞争上的优势。同时，类似于大数据这样的无形资产带来的收益有很大的不确定性。生产性设备创造的经济效益是可以预估的，然而，大数据资产需要经过加工分析融入企业的经营活动并应用于企业的决策才能产生相应的收益。

区别于传统的信息系统，在大数据服务的价值组成中，数据本身的价值要远远超过存储数据的服务器、网络设备等硬件资源。所以，传统信息系统的资产识别以及机密性、完整性和可用性三种评估方法，已不适用于大数据服务的风险评估。

人工智能和机器学习领域权威专家吴恩达指出，数据的价值由数据量、数据质量和数据分析能力两个方面决定。综合李永红和张淑雯（2018）以及李刚等（2016）的研究，本书从数据质量和数据服务能力两个维度给出如下评估数据资产的指标，如表3-3所示。下面对二级指标进行详细说明。

表3-3 数据重要性评估指标体系

一级指标		二级指标
数据资产评估指标体系	数据质量	数据覆盖度（D_1）
		数据多样性（D_2）
		数据外部性（D_3）
		数据时效性（D_4）
		数据相关性（D_5）
	数据服务能力	数据分析方法的适用性（D_6）
		数据建模能力（D_7）
		预测类服务的准确性（D_8）
		结果的直观性（D_9）
		服务的价值性（D_{10}）

3.1.3.1 数据量与数据质量

（1）数据覆盖度（D_1）。

数据覆盖度是指数据的范围，体现在两个方面：一是数据来源的广度，二是数据的行业广度。大数据服务虽然面向的是行业领域，但是面向服务的底层数据却不是单一的，往往来自多个行业且每个行业有多种来源，底层数据范围越广，数据服务的质量就会越高，从而让数据资产的价值增加。如电子商务领域的用户画像，不仅需要用户的基本信息，还要收集用户的教育背景、消费数据、社会活动等多种维度的数据。显然，底层数据来源越广，对用户的描述信息就越多，用户画像的质量就越高。

（2）数据多样性（D_2）。

数据多样性可以看作数据的形式广度。在大数据时代，数据的"大"不仅体现在数据本身的数量上，也体现在数据的丰富程度上。大数据时代数据多源异构，除了结构化、半结构化数据外，更多的是类似于视频、音频、图像、地理数据、社交媒体、互联网搜索、物联网等形式的非结构化数据。数据多样性一方面是大数据的重要特性，另一方面也是区别于传统的关系型数据的重要价值体现。

（3）数据外部性（D_3）。

外部性原指个体为自身利益采取的一系列行为导致其他个体受益或受

损的情况。在数据资产评估中，外部性指数据资产借助于大数据服务对使用服务的主体的影响效果，体现为数据资产的潜在价值。数据外部性与数据资产的效用和所产生的价值成正比。

（4）数据时效性（D_4）。

数据时效性是指在特定时间内，大数据服务对服务主体的业务活动效用。大数据服务形式多种多样，如智慧交通、天气数据等服务，内在数据的时效性制约着数据资产效用，进而影响着大数据服务的价值。

（5）数据相关性（D_5）。

数据相关性是指数据服务与使用者的适配程度。对于服务的使用者而言，如果使用的数据服务结果与自身的使用目的相一致，那么数据的相关性就非常强，这也表明使用者对数据有较高的利用率，可以将数据应用于个人或者企业的日常活动中。

3.1.3.2　大数据服务能力

在大数据服务能力方面，大数据服务经过大数据的收集、处理、分析、挖掘、可视化提供增值化的产品形式。服务的能力受平台分析、挖掘算法和可视化方式的影响，表征为对数据价值性、直观性、适用性表现形式的区别。大数据服务建立在大数据分析的基础之上，特别是非结构化数据的构建和分析，发现支持决策的隐含商业范式，发掘事物隐含的相关性关系及其他有价值的科学范式。从服务的功能属性来看，大数据分析主要分为定性、预测性和描述性分析三类，涉及文本分析和机器学习两大类问题。参考莫祖英（2018）的指标数据，本书将大数据服务能力指标分为以下几个方面：

（1）数据分析方法的适用性（D_6）。

毫无疑问，大数据分析方法的优劣性和适用性决定了分析结果的准确性和价值，但没有一种数据分析方法是万能和最优的。针对不同的数据类型、不同的业务数据、不同的行业需求采用不同的数据分析方法，无疑会赋予大数据服务更好的能力。社交媒体产生的数据通过可视化技术可以更好地展示用户之间的关系网络。更好的分析方法的适用性，意味着更好的大数据服务能力。

（2）数据建模能力（D_7）。

大数据分析优劣的另一个重要表征，是对数据的建模问题。一般来说，基于数据的语义特征、统计特征，抽象归纳数据模型，再以此为基础构建数据分析模型及模型库，为大数据服务提供依据。

（3）预测类服务的准确性（D_8）。

预测也是大数据服务的重要形式之一。将传统意义上的预测拓展到"现测"，可以使现实业务的处理变得简单、客观，帮助企业制定更完善的经营决策。传统预测的评价指标主要有基于预测误差的平均指标和误差成分分析两类，包括均方根误差（RMSE）、平均绝对误差、平均绝对百分误差（MAPE）、希尔不等系数（TIC）；偏差率、方差率、协变率等。在大数据预测方面，新兴的预测场景也产生了新的评测预测准确性的指标，如交叉熵、相对熵等。

（4）结果的直观性（D_9）。

大数据形式繁多、关系复杂，旨在通过以图形化为主的可视化方式清晰、有效地传达与沟通信息。数据可视化与信息可视化、信息图形、统计图形及科学可视化密切相关。大数据服务形式的多样性意味着基础数据来源的复杂性，利用可视化技术对大数据服务结果提供新的阅读和理解方式，对大数据的服务质量有很大的影响。

（5）服务的价值性（D_{10}）。

大数据服务的最终目的是基于对大量数据的分析、处理为社会生产提供支持，数据以及表现出的服务形式的最终价值主要体现在服务主体的经营决策中。服务主体的差异也对数据的价值性存在影响，与主体需求、期望、业务需求等因素有关。

3.1.4　现有风险评估模型的不足

云平台的数据中心为了降低用户成本、提高管理效率，大量使用虚拟化技术，虚拟化技术通过网络实现共享的计算机资源池，包括网络、存储和服务器等资源，需要向用户隐藏各类资源的物理位置以及体系结构方面的信息。大数据服务在享受数据中心和云存储带来的管理、经济上的便利的同时，也因为其运行环境虚拟化、动态化、分布式的特点而在运行时面临诸多风险。如访问控制复杂、安全边界模糊、VM Hopping、VM Escape、分布式拒绝服务攻击（Distributed Denial of Service Attack，DDoS）等管理和控制风险。

云计算系统具备复杂的计算机软硬件环境，也可以被看作一种复杂的信息系统，从这个角度，很多学者将信息系统安全评估的理论和方法扩展到云计算的风险评估问题中。关于信息安全风险的定义，学者们也有不同的认识。张泽虹（2008）认为，信息安全风险是指信息系统及管理体系中的脆弱性导致的安全事件及其对组织造成的影响。范红（2006）认为，信息安全风险是信息在整个生命周期中安全属性面临的危害发生的可能性，是人为或自然的威胁利用系统存在的脆弱性引发的安全事件，因受损信息资产的重要性而对机构造成影响。从这些表述中不难发现，信息安全评估的对象都围绕着资产、威胁和脆弱性三要素展开。因此，经典信息安全风险评估流程归纳为以下几步：

Step 1　资产识别与分析。本步骤的主要任务是根据资产的完整性、可用性、机密性等因素对系统需要保护的资产进行赋值。

Step 2　威胁识别与分析。本步骤的主要任务是根据威胁发生的可能性、威胁的影响等因素对资产面临的威胁进行赋值。

Step 3　脆弱性识别与分析。本步骤的主要任务是对资产所面临的脆弱性进行识别，并根据脆弱性被利用的可能性对脆弱性赋值。

Step 4　系统风险计算。云计算系统可以被看作一个复杂的系统，因此姜茸等（2015）将信息系统安全评估方法应用到云计算安全风险评估问题中。该模型包括以下几个步骤：

Step 4.1　建立风险因素集 $A = \{U_1, U_2, U_3, \cdots, U_n\}$。

Step 4.2　构造评判集：$R = g(t, c, f)$，如表 3-4 所示，其中，t 表示风险因素对系统的威胁频率，c 表示风险因素对资产的影响，f 表示脆弱性的严重程度，分别针对三要素 (t, c, f) 构建评估等级 $B_t = \{b_1, b_2, b_3, \cdots, b_{tn}\}$，$B_c = \{b_1, b_2, b_3, \cdots, b_{cn}\}$，$B_f = \{b_1, b_2, b_3, \cdots, b_{fn}\}$。其中，$t_n$、$c_n$、$f_n$ 分别表示三个评判集的元素个数。

Step 4.3　构造隶属度矩阵。构造模糊映射 $f: A \rightarrow F(B)$ 给出对风险集合 A 的评估信息，映射函数 f 表示风险因素对各个评判等级的支持程度。$F(B)$ 是等级 B 上全体模糊集，可以实现 $u_i \rightarrow f(u_i) = \{p_{i1}, p_{i2}, \cdots, p_{in}\} \in F(B)$。根据模糊映射函数评价信息，分别得到风险因素对三要素的影响隶属度矩阵 P_c、P_t、P_f。

Step 4.4　利用熵权法分别计算各个风险因素在三要素上的权重向量信息 φ_c、φ_t、φ_f。

表3-4　云计算风险评估三要素等级赋值

等级	威胁频率	资产重要度	脆弱性严重程度
很高	经常发生	风险发生将受到非常严重影响	对资产造成完全损害
高	很有可能发生	风险发生将受到比较严重影响	对资产造成重大损害
中等	可能会发生	风险发生将受到中等严重影响	对资产造成一般损害
低	一般不太可能发生	风险发生将受到较低严重影响	对资产造成较小损害
很低	极少发生	风险发生将受到很低严重影响	损害可忽略

Step 4.5　对评判集上的每个等级赋予不同的权重，得到三要素评判集权重向量 V_c、V_t、V_f。

Step 4.6　根据风险度公式 $R_c = \varphi_c \times P_c \times V_c$、$R_t = \varphi_t \times P_t \times V_t$ 和 $R_f = \varphi_f \times P_f \times V_f$ 计算三要素风险。

Step 4.7　安全风险确定。$R = (t, c, f) = R_t \oplus R_c \oplus R_f = k_1 R_t + k_2 R_c + k_3 R_f$。

其中，k_1、k_2、k_3 分别表示三要素权重，且和为1。最后，根据风险等级表（见表3-5）确定系统的风险等级。

表3-5　安全风险定义

Risk	0~0.2	0.2~0.4	0.4~0.6	0.6~0.8	0.8~1
属性	低	较低	中等	较高	高

大数据服务存储期的主要工作环境是云计算的 IaaS 平台，虽然其风险来源和表征形式具有共同点，但也存在差异，经典的信息安全风险评估或云计算风险评估不能直接移植到大数据服务存储期的风险评估中。无论是风险评估的资产识别、脆弱性分析，还是评估模型本身，都需要应用新的理论和方法。综合现有的研究成果，主要存在以下几个方面的不足：

第一，在资产识别方面，现有的研究从服务、网络、物理硬件、应用程序、日志等方面对于云计算的资产进行了识别。而大数据作为一种生产要素，其重要性和独特性在之前的研究成果中未得到充分重视，对于大数据服务，数据资产是提供服务所必需的基础和重要的资产形式，也是数据价值实现的重要载体，因此需要对此进行识别研究。

第二，脆弱性是大数据服务存储期面临的主要风险来源，目前的分析方法大多数都是一种静态方法，侧重于脆弱性的识别和管理。而云计算虚拟化、动态性的特点使静态方法存在诸多不足，需要引入动态风险分析方法，更客观、准确地评估脆弱性造成的影响。

第三，随着决策环境的复杂性和不确定性的增加，专家们很难给出准确的评价偏好信息，评估结果的有效性和准确性会因此出现较大偏差，将模糊理论应用到决策模型中，特别是近几年模糊理论的快速发展，需要应用最新的方法提高风险评估过程的有效性。

基于以上分析，本章提出了一种动态的大数据服务存储期风险评估方法，首先，对大数据资产进行分类和识别研究，并给出价值评估指标体系。其次，对分布式虚拟化环境的脆弱性动态演变规律应用传染病模型进行建模，获得脆弱性传播的动态规律，以此修正专家对脆弱性的评估结果。最后，应用二元语义犹豫模糊语言来计算整体风险。

3.2　基于传染病模型的脆弱性风险评估模型

根据 ISO 27005 对风险的定义：风险是某个资产或某组资产的脆弱性导致组织受到损害的可能性。对风险的衡量从事件发生的可能性和造成的结果两方面来进行。本书给出的大数据服务存储期风险定义如下：

定义 3-1　大数据存储期风险是指大数据存储期有关资产的脆弱性导致的遭受损失的可能性。其度量的因素包括云存储的资产因脆弱性受到损失的程度。不同于传统的信息安全风险因素，大数据存储期风险的资产种类以及分布特点都存在很大差异。

以目前相对成熟的信息系统风险评估理论和方法为基础，结合大数据存储期运行方式和风险特点，构建新的风险评估模型。在构建模型之前，本节依据风险评估准备，首先对云环境下大数据服务风险因素和脆弱性进行识别和分析，进而基于风险元传递理论和传染病模型，提出一种基于传染病模型的脆弱性风险元传递模型。

3.2.1　大数据服务存储期风险识别

为了实现对大数据存储期的风险评估，需要构建评估模型的指标体系。一方面，该体系应该能够客观、真实地反映评估主体的特征。另一方面，指标体系不应该只追求指标的数量，更应该能反映存储期真实的风险因素。大数据存储期具有虚拟化、动态化、规模化的特点，存在众多的风险因素，既有主观因素，也有客观因素；既有技术类因素，也有管理方面的因素。结合专家访谈和文献分析的结果，本书构建了大数据存储期风险评估指标体系，如表3-6所示。

表3-6　云环境大数据服务存储期风险指标体系

	一级指标	二级指标
云环境大数据服务存储期风险指标体系	数据风险（DR）	数据共享风险（DR_1）
		数据隔离风险（DR_2）
		数据资源风险（DR_3）
		数据隐私风险（DR_4）
		数据质量风险（DR_5）
		数据真实性风险（DR_6）
		数据知情权风险（DR_7）
		机密数据管理风险（DR_8）
		非结构转换风险（DR_9）
	技术风险（TR）	访问控制风险（TR_1）
		网络安全风险（TR_2）
		软件程序风险（TR_3）
		硬件安全风险（TR_4）
		主机安全风险（TR_5）
		物理安全风险（TR_6）
		虚拟化安全风险（TR_7）

续表

	一级指标	二级指标
云环境 大数据 服务存储期 风险指标 体系	非技术风险（NR）	政策风险（NR_1）
		组织风险（NR_2）
		法律风险（NR_3）
		管理风险（NR_4）
		人员风险（NR_5）

（1）数据风险（Data Risk，DR）。

大数据存储期最重要的资产就是数据，数据以共享的方式使用，数据风险是首要的识别目标。大数据存储期面临的数据风险包括数据共享风险（DR_1）、数据隔离风险（DR_2）、数据资源风险（DR_3）、数据隐私风险（DR_4）。

1）数据共享风险（DR_1）。数据共享风险主要是指大数据存储期间，所依赖的虚拟主机和数据存储环境在共享过程中产生的风险问题。数据的共享包括显式共享和隐式共享两种方式。显式共享是指通过合规的权限申请获得的对数据访问的权限。隐式共享是指服务提供商在未知的情况下，把数据分发到多个服务器或者虚拟存储设备上而实现的共享。例如，为了实现并发计算任务，将数据分发在不同服务器实现并行算法计算。此外，服务提供商为了满足用户对可靠性的要求，将数据备份、存储在异地多个位置，从而使暴露在网络环境下的数据易于受到攻击。

2）数据隔离风险（DR_2）。云环境中广泛采用虚拟化技术以实现各种资源的共享，有可能出现不同用户的数据存在于一个共享的物理设备中。目前，云计算所具有的高扩展性使云的边界不断拓展，用户数据之间的界限区分变得日益复杂，需要应用程序对用户的重要数据进行隔离保护，数据之间边界的复杂性和程序本身的缺陷，导致共享数据并不能完全实现隔离，从而造成数据泄露风险。

3）数据资源风险（DR_3）。数据资源风险是指数据存在虚拟存储设备上，由虚拟设备本身的问题导致的各种风险因素。诸如数据存储空间不足，数据在不同设备之间传输的过程中被截断，数据上传和下载的时候产生泄露，数据在丢失或损坏后不能恢复等。

4）数据隐私风险（DR$_4$）。大量事实表明，未被妥善处理的大数据会对用户隐私造成极大侵害。大数据服务一般会使用到用户的位置隐私、标识符隐私和连接关系隐私等。隐私泄露是主要的形式，个人基本信息及消费记录、出行路线、社交好友等相关信息都会被收集，用于大数据的服务。此外，大数据服务所面临的威胁不仅于此，大数据技术还可以利用人们的状态和行为预测来获得更多的隐私数据。例如，零售商比家长更早知道其女儿已经怀孕，通过分析用户的 Twitter 信息可以发现用户的政治倾向、消费习惯等。

（2）技术风险（Technology Risk，TR）。

大数据服务存储期涉及软件开发、数据库管控、内外网安全、互联网通信等一系列技术，在整个存储阶段技术风险是最突出的风险因素，这类风险因素主要包括访问控制风险（TR$_1$）、网络安全风险（TR$_2$）、软件程序风险（TR$_3$）、硬件安全风险（TR$_4$）、主机安全风险（TR$_5$）、物理安全风险（TR$_6$）、虚拟化安全风险（TR$_7$）风险因素。

1）访问控制风险（TR$_1$）。访问控制风险是指由于云服务提供商对用户权限管理存在的漏洞而产生的安全风险。云平台动态的资源调度机制使传统信息系统权限管理机制也远远不能满足要求。不完善的访问控制方法导致合法的客户身份认证失败，无法访问相应的资源。同时，因为数据资源都存储在云端，由服务商负责管理，而服务商的活动一般缺乏有效的监督，导致服务商滥用权限谋取私利。此外，云计算平台上硬件规模大，导致访问控制的难度更大，安全管理员可能缺乏足够的专业知识，无法准确地为用户指定其可以访问的数据。

2）网络安全风险（TR$_2$）。网络安全风险是指云计算存储环境因网络连接而产生的各种风险。云计算需要网络连接多种硬件设备，传递信息资源，在网络环境下，云计算的存储环境也非常容易受到来自网络方面的攻击，尤其是 DDos 攻击和网络监听，这不仅会造成网络堵塞和通信数据被窃取，还会影响大数据服务的正常使用，产生连锁的风险事件。此外，大数据服务有可能会在网络上传输大体量的数据，造成云环境网络带宽不足，产生网络拥塞风险。大量虚拟机的端口漏洞也可能被攻击者利用，通过网络的方式产生风险问题。

3）软件程序风险（TR$_3$）。软件程序风险是指因运行在云计算存储环境内的系统和应用软件漏洞而产生的各种风险问题。云计算环境涉及的软件众多，既有 OpenStack、Hadoop、OracleVM、CloudStack 这样的系统软件，还包括从传统的平台迁移到云平台上的各种应用软件。此处的软件程序风险主要指运行在云计算平台上的底层，负责存储、检索、管理各种数据的运营管理系统。软件风险一般包括不确定性和损失两个特性。不确定性是指风险有可能发生，也可能不发生，损失是当风险发生时，引起的不希望的后果和损失。

4）硬件安全风险（TR_4）。硬件安全风险是指环境、设备、操作等因素引起的存储设备硬件发生的风险。与软件程序风险相对应，硬件安全风险主要指硬件设备所遭遇的风险。如硬件机房环境恶劣，主要的设备使用和温度监控制度缺失，导致硬件设备宕机或损坏。此外，运维人员的错误操作及硬件设备的危险配置，导致物理设备存在很大的不可靠性。

5）主机安全风险（TR_5）。在大数据的云存储阶段，虚拟化是主要的技术实现方式，通过服务器、存储和网络的虚拟化构建弹性的计算机资源使用方式。主机是云计算基础设施应用的重要组成部分，可以安装独立操作系统，管理方法同普通主机一致。主机安全风险泛指主机面临的各种技术和管理风险，如主机身份鉴别、主机访问控制、主机安全审计、剩余信息保护、主机入侵防范、恶意代码防范等安全措施所防范的风险对象。

6）物理安全风险（TR_6）。物理安全不仅是信息系统得以安全运行的前提和基础，也是云计算环境安全建设的重要因素。在等级保护制度中，对信息设备的物理位置选择、电力供应、防火防盗、防雷、温湿度控制、防静电等物理方面做了规范性的描述。这里的物理安全风险泛指物理规范所面临的技术和管理上的破坏因素。

7）虚拟化安全风险（TR_7）。虚拟化技术是云计算环境运行的核心技术，由此带来的"多租用户"引发安全方面的问题就是虚拟化安全风险。云计算运营商通常会采用用户数据隔离、多租户管理、虚拟防火墙、虚拟安全审计、虚拟机镜像安全、虚拟机隔离等技术应对此类风险，虚拟化安全风险是对云计算运营商采用的虚拟化安全技术造成负面影响和破坏的各种风险因素的统称。

（3）非技术风险（Non-technical Risk，NR）。

非技术风险是指与云计算软件、硬件技术无关的政策风险、组织风险、法律风险、管理风险和人员风险的总称。包括政策风险（NR_1）、组织风险（NR_2）、法律风险（NR_3）、管理风险（NR_4）和人员风险（NR_5）。

1）政策风险（NR_1）。政策风险是指因国家宏观政策变动造成的云服务商服务内容调整而产生的各种风险。为了提高数据的使用和管理效率，云计算的设备通常部署在不同地域上，这些地域有时候跨越多个国家，各个国家在制度、文化、发展方向的差异，导致信息产业政策、隐私保护政策等宏观方面存在诸多差异，同一个云服务提供商也可能因为数据存储的服务期部署在不同国家而出台不同的数据政策，从而使数据传输跨越多个服务器，这会由于信息监管政策的不同而发生不确定性事件。

2）组织风险（NR_2）。组织风险是指在大数据服务提供过程中，服务提供商组织机构调整或者云计算运营公司被收购、破产而产生的各种风险。目前，虽然云计算的份额大多数掌握在 Amazon、Microsoft、阿里巴巴等巨头手里，但市场上也存在很多中小型的云服务提供商，这些企业因为经营管理不善造成人事变动、破产或者倒闭，使原有的服务器和数据需要迁移到新的环境，从而造成原有数据拥有者的利益无法得到确实保障。

3）法律风险（NR_3）。法律风险是指因为外部法律环境发生变化或法律主体的不作为，对大数据服务商和用户产生负面法律责任或后果的可能性。云计算应用具有地域性弱、信息流通性大的显著特点，与政策风险类似，大数据服务商或用户的数据可能分布在不同地域甚至不同国家，从而会产生两方面的法律问题：一是不同国家政府对信息安全监管方面存在法律上的差异与纠纷。二是虚拟化技术导致大数据服务用户之间边界模糊，可能导致司法取证上的不确定性增大。

4）管理风险（NR_4）。管理风险是指在大数据服务商管理运营过程中因管理不善、标准不统一、防护措施不得当造成的各种风险。目前，云计算服务商众多，无论是底层的存储方式，还是对外提供的大数据服务，都没有统一的标准，有可能导致"云"和"云"不能兼容。如阿里云和腾讯云向客户提供了大数据服务，但两者的服务形式和数据架构都存在很大差异，使用户在构建和使用大数据服务时面临困惑。此外，当云服务商内部防护缺乏统一、规范的处理措施，使云计算存储平台发生风险时，如果风险得不到及时、有效的处理，会造成风险的加剧和扩散。

5）人员风险（NR_5）。人员风险是指人员误操作造成的各种风险。这里的用户包括大数据服务商的运维人员和大数据服务的使用人员。运维人员的误操作是目前很多云计算风险事件的主要因素。云服务商的服务流程和处理问题的文件、文档不完善会造成运维人员的误操作，产生操作风险。据统计，误操作风险占到 40% 左右。大数据服务人员往往缺少正规培训，对于平台的使用不规范，也会产生误操作风险。

3.2.2　大数据存储期脆弱性识别

脆弱性在多个领域均有定义，涉的内容和范围不尽相同。其中，最具代表性的是 Bishop 和 Bailey 提出的"Computer Vulnerability"概念，他们认为，计算机系统可以看作状态的组合，这些状态描述了构成计算机系统组件的当前配置。所有的状态都是从初始状态经过一系列授权和未授权的状态转移而来的。相对于传统意义上只考虑单主机的脆弱性模型，分布式系统在结构上包含多个节点、应用及平台。除了每台主机可能存在的脆弱性，还包括网络的拓扑结构及不合理连接引入的关联漏洞。大数据服务的存储环境是一种以分布式虚拟化技术为核心的通用计算环境，除了具备分布式的特征之外，还具备其他的特征：物理资源与虚拟组件相分离，提供服务的组件来自远程的云中，这些组件以动态组合方式满足用户的个性化服务需求。此外，第三方软件广泛应用于云中及互联网业务范围的扩展，使脆弱性因为服务组件频繁动态连接和组合而快速扩散。因此，大数据服务的存储环境表征的脆弱性比传统意义上的主机脆弱性和分布式环境的脆弱性要更复杂。

脆弱性通常会导致系统完整性、可信性、可靠性和安全性等方面受到影响，特别是面向服务的架构，随着云计算的快速发展，动态性、移动性和虚拟化的分布式系统的应用范围日益广泛，导致了分布式系统中因连接而引入脆弱性的可能性大大增加，且随时可能发生并快速扩散，已成为亟待解决的挑战（Ali M et al., 2015）。

云计算环境的脆弱性按照构件层次可分为物理机房脆弱性、存储资源脆弱性、虚拟化管理软件脆弱性、云管理平台脆弱性、网络脆弱性、虚拟机脆弱性、平台软件脆弱性。章恒（2017）基于现有国内外研究成果和调研云平台实例，归纳总结了云计算环境下 25 类资产面临的威胁，总结了云计算相关技术构建的 53 种脆弱性和 18 种风险。归纳的脆弱性如表 3-7 所示。

表 3-7　云环境脆弱性分类

类型编号	脆弱性分类	类型编号	脆弱性分类
V_1	AAA 级脆弱性	V_{27}	数据存储的多重管辖及透明度
V_2	用户配置脆弱性	V_{28}	管辖信息的缺失
V_3	用户接触配置脆弱性	V_{29}	使用条款完整性和透明度的缺失
V_4	管理接口的远程访问	V_{30}	安全意识的缺失
V_5	虚拟机管理程序脆弱性	V_{31}	审核程序的缺失
V_6	资源隔离的缺失	V_{32}	角色及职责不清晰
V_7	通信传输加密脆弱性	V_{33}	角色定义的错误
V_8	加密形式数据处理的不可行性	V_{34}	不适用的政策
V_9	密钥管理程序的缺失	V_{35}	不充分的系统安全程序
V_{10}	密钥生成：随机数生成的弱加密	V_{36}	配置错误
V_{11}	标准化技术或解决方案的缺失	V_{37}	系统与操作系统的脆弱性
V_{12}	无源代码协议	V_{38}	不可信软件
V_{13}	资源使用的不准确建模	V_{39}	业务连续性、灾难恢复计划缺失
V_{14}	针对脆弱性评估过程的限制缺失	V_{40}	资产分类的缺失或不充分
V_{15}	内部网络探测发生的可能性	V_{41}	资产分类的确实或不充分
V_{16}	共享检查执行的可能性	V_{42}	资产所有者的不明确
V_{17}	法律准备不充分	V_{43}	工程需求不易鉴定
V_{18}	敏感媒体的处理	V_{44}	供应商选择缺乏
V_{19}	外部云中的合同或义务	V_{45}	供应商数量缺失
V_{20}	跨云应用创建隐藏文件	V_{46}	应用程序或补丁管理的脆弱性
V_{21}	SLA 条款中不同利益相关者规定的冲突	V_{47}	针对日志收集或缺乏政策管理或相关程序
V_{22}	SLA 条款中涉及的商业风险	V_{48}	违反供应商的保密协议
V_{23}	客户无法获得审核或者认证	V_{49}	数据缺失
V_{24}	不适用于云设备的认证方案	V_{50}	资源消耗脆弱性
V_{25}	不充足的资源配置及基础设施投资	V_{51}	资源过滤的不足或错误配置
V_{26}	对于资源上限无政策限制		

在云计算环境下，大数据服务用户通过虚拟化、动态化的技术共享分布在异地的软硬件平台。虽然这些虚拟化的节点分散在不同的地域，但是它们通过网络连接构成一个整体，某一个节点出现的脆弱性问题会通过网络传播到其他区域的节点上。另外，数据量的增大，意味着需要虚拟化管理的节点数量也快速增长，节点数量也会随着需求变化而实现动态增加和减少，这意味着云计算的管理软件对节点的权限管理和访问认证也会变得更为复杂。这些因素会导致脆弱性的如恶意代码在云环境下更容易传播和扩散，而网络化的架构模式为脆弱性的传播扩散提供了物理条件。

3.2.3　动态脆弱点风险评估模型构建

目前，大多数关于脆弱点的研究均采用静态识别方法，没有考虑到脆弱点被攻击时的动态变化场景，从而使评估结果不能完全反映脆弱点的危害严重程度。针对此不足，本书将借用传染病模型的分析思路，构建基于传染病模型的分布式虚拟化系统的脆弱性传播机理模型，并利用系统动力学工具进行系统仿真，以期能推导出系统内的脆弱性传播机理。

传染病模型的研究和应用已经成为数学知识应用的一个重要领域。从目前掌握的文献来看，利用传染病模型研究分布式虚拟化系统脆弱性传播问题的尚不多见。结合分布式虚拟化系统脆弱性传播的基本特征，本书给出以下几点假设：

第一，根据某个确定时刻节点脆弱性的不同状态，把分布式虚拟化环境下的节点分为三类：

（1）含有已知脆弱点的节点 W（是现有脆弱性的传播源）。

（2）具有潜在可能性的节点 V。该类节点表示那些暂时没有表现脆弱性特征，但当与（a）类节点接触后，有可能被感染的所有节点。

（3）未及时修复已造成故障的节点 F（这些节点对现有的脆弱性传播不再产生影响）。并根据节点的可靠性程度将 V 分为两组，V_1 代表可靠性级别高的节点，V_2 代表可靠性级别低的节点。可得 $M \equiv V_1 + V_2 + W + R$。

第二，大数据服务的存储环境是一个开放的系统，不仅有节点持续进入该环境，也有节点因为完成计算任务而退出当前的系统，在模型中假设该环境中的（a）类、（b）类和（c）类节点均有可能基于调度的原因而进入或者退出当前的系统。假定新的节点进入系统与旧的节点退出系统的数量均为 b，其中单位时间内进入的 V_1 类节点数量为 pbM，单位时间内进入的 V_2 类节点数量为 $(1-p)bM$，V_1 类节点单位时间内退出的数量为 bV_1，V_2 类节点单位时间内退出的数量为 bV_2，潜在脆弱性节点退出的数量为 bW，已造成故障节点退出的数量为 bF。系统内节点的总数量保持一常数，为 M。

第三，在分布式虚拟化系统中，两类含有脆弱点的节点 V_1 和 V_2 对于脆弱性的传播能力是不同的，因为 V_2 可靠性级别低，所以其包含的安全性问题要更严重，其脆弱性的传播能力也更强，假设两类节点的传播成功率分别为 α_1 和 α_2，则 $\alpha_1 < \alpha_2$。节点之间相互接触的概率为 β，则在单位时间 t 内，W 类节点被 V_1 感染的概率为 $\dfrac{\alpha_1 \beta W}{M}$，被 V_2 感染的概率为 $\dfrac{\alpha_2 \beta W}{M}$。

第四，t 时刻，单位时间内 W 类节点发生故障转移为 F 类节点的节点数量与其自身数量成正比，比例系数为 γ。

根据以上假设，大数据服务存储期环境内的脆弱性节点扩散过程可以用图 3-3 描述。

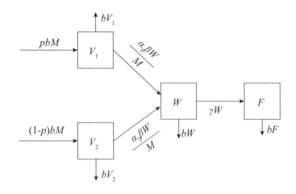

图 3-3 大数据服务存储期环境内脆弱性扩散框架

根据图 3-3 的描述，建立相应的 DS-I-A 模型：

$$
\begin{cases}
\dfrac{\mathrm{d}W}{\mathrm{d}t} = \dfrac{\alpha_1\beta W}{M}V_1 + \dfrac{\alpha_2\beta W}{M}V_2 - \gamma W - bW \\[2mm]
\dfrac{\mathrm{d}V_1}{\mathrm{d}t} = bpM - \dfrac{\alpha_1\beta W}{M}V_1 - bV_1 \\[2mm]
\dfrac{\mathrm{d}V_2}{\mathrm{d}t} = b(1-p)M - \dfrac{\alpha_1\beta W}{M}V_2 - bV_2 \\[2mm]
\dfrac{\mathrm{d}F}{\mathrm{d}t} = \gamma W - bF
\end{cases}
\tag{3-1}
$$

把模型（3-1）的四个方程两端分别相加，得 $\dfrac{\mathrm{d}(W+V_1+V_2+F)}{\mathrm{d}t} = \dfrac{\mathrm{d}M}{\mathrm{d}t} = 0$，即 $M(t) = W(t) + V_1(t) + V_2(t) + F(t) = M$。

为求模型（3-1）的平衡点，令其右端为 0，得到模型（3-2）：

$$
\begin{cases}
\dfrac{\alpha_1\beta W}{M}V_1 + \dfrac{\alpha_2\beta W}{M}V_2 - \gamma W - bW = 0 \\[2mm]
bpM - \dfrac{\alpha_1\beta W}{M}V_1 - bV_1 = 0 \\[2mm]
b(1-p)M - \dfrac{\alpha_1\beta W}{M}V_2 - bV_2 = 0 \\[2mm]
\gamma W - bF = 0
\end{cases}
\tag{3-2}
$$

3.2.4　模型求解

在生物数学中，基本再生数通常记为 R_0，是指一个病原体在平均患病期内所传染的人数。这里的脆弱性可再生数是指一个包含脆弱点的节点（W）在一个周期内能够将脆弱性成功传播给其他节点（V）的数量。R_0 的大小将直接影响系统的平衡状态，当 $R_0<1$ 时，平衡点 E_0 逐渐稳定，当 $R_0>1$ 时，平衡点 E_0 不稳定。由模型（3-2）可求得无脆弱性传播（$F=0$）的平衡点 E_0（$V_1=pM$，$V_2=(1-p)M$，$F=0$）。

模型（3-2）在点 E_0 的雅可比矩阵为：

$$J := \begin{bmatrix} -b & 0 & -\alpha_1\beta p \\ 0 & -b & -\alpha_2\beta(1-p) \\ 0 & 0 & -(\gamma+b)+\alpha_1\beta p+\alpha_2\beta(1-p) \end{bmatrix}$$

显然，只要上式最后一项 $-(\gamma+b)+\alpha_1\beta p+\alpha_2\beta(1-p) < 0$，此时 J 的所有特征值均为负，进而可以求得大数据服务存储期中脆弱性传播再生数 R_0 的定义为：

$$R_0 = \frac{\alpha_1\beta p+\alpha_2\beta(1-p)}{\gamma+b} \tag{3-3}$$

下面分 $R_0 > 1$ 和 $R_0 < 1$ 两种情况讨论模型的平衡点，平衡点意味着模型的动态变化趋于稳定。首先讨论 $R_0 > 1$ 时模型（3-1）的平衡点和稳定性。

对模型（3-1）的第二个和第三个方程求解，并代入第一个方程，可以得到：

$$\frac{\alpha_1 bp}{\frac{\alpha_1\beta W}{M}+b} + \frac{\alpha_1 b(1-p)}{\frac{\alpha_2\beta W}{M}+b} - \frac{\gamma+b}{\beta} = 0 \tag{3-4}$$

只有当式（3-4）中存在一个正的 W 值时，模型（3-1）才会有脆弱性传播平衡点。

令式（3-4）左边的函数为：

$$F(W) = \frac{\alpha_1 bp}{\frac{\alpha_1\beta W}{M}+b} + \frac{\alpha_1 b(1-p)}{\frac{\alpha_2\beta W}{M}+b} - \frac{\gamma+b}{\beta} \tag{3-5}$$

因为 $F'(W) < 0$，所以函数 $F(W)$ 是单调递减函数，且 $\lim_{W\to\infty} F(W) = -\frac{\gamma+b}{\beta} < 0$，可以得到：只有当 $F(W) > 0$ 时，式（3-4）中才会存在一个正的 W 值。又因为 $R_0 > 1$ 时，可以求得 $F(0) = \frac{\gamma+b}{\alpha}(R_0-1) > 0$，所以当 $R_0 > 1$ 时，模型（3-1）存在脆弱性传播平衡点。

接着讨论当 $R_0 < 1$ 时 无脆弱性传播平衡点 E_0 的稳定性。根据模型（3-1）的前两个方程可以得到：

$$\frac{\mathrm{d}V_1}{\mathrm{d}t} \leqslant bpM - bV_1, \quad \frac{\mathrm{d}V_2}{\mathrm{d}t} \leqslant b(1-p)M - bV_2 \qquad (3-6)$$

由此可得：

$$V_1(t) \leqslant pM + V_1(0)e^{-bt}, \quad V_2(t) \leqslant (1-p)M + V_2(0)e^{-bt} \qquad (3-7)$$

根据模型（3-1）的第一个方程可得：

$$W(t) = I(0)\exp\left(\frac{\alpha_1\beta}{M}\int_0^t V_1(x)\,\mathrm{d}x + \frac{\alpha_2\beta}{M}\int_0^t V_2(b)\,\mathrm{d}b - \gamma t - bt\right)$$

$$\leqslant I(0)\exp\left((\alpha_1\beta p_1 + \alpha_2\beta p_2 - (b+\gamma))t + \frac{\alpha_1\beta}{M\nu}V_1(0) + \frac{\alpha_1\beta}{M\nu}V_2(0)\right)$$

$$= I(0)\exp\left((b+\gamma)\left(\frac{\alpha_1\beta p_1 + \alpha_2\beta p_2}{b+\gamma} - 1\right)t + \frac{\alpha_1\beta}{M\nu}V_1(0) + \frac{\alpha_1\beta}{M\nu}V_2(0)\right)$$

$$= I(0)\exp((b+\gamma)(R_0-1)t)\exp\left(\frac{\alpha_1\beta}{M\nu}V_1(0) + \frac{\alpha_1\beta}{M\nu}V_2(0)\right) \to 0$$

$$(3-8)$$

由此可见，当 $t \to \infty$ 和 $R_0 < 1$ 两个条件同时，$W(t)$ 将趋向于 0。

另外，对模型（3-1）的第二个和第三个方程求解可得：

$$\begin{cases} V_1(t) = pM - (pM - V_1(0))e^{-bt} \\ V_2(t) = (1-p)M - ((1-p)M - V_2(0))e^{-bt} \end{cases} \qquad (3-9)$$

从式（3-9）可以看出，当 $t \to \infty$ 时，$V_1(t)$ 和 $V_2(t)$ 分别趋向于 pM 和 $(1-p)M$。

将系统中的参变量进行设计，转换成系统动力学的语言变量，借用 Vensim 建模工具构建分布式虚拟化环境的脆弱性传播动力学模型，如图 3-4 所示，其主要变量描述如表 3-8 所示，对系统动力学模型中的数值在假定的基础上进行仿真实验。

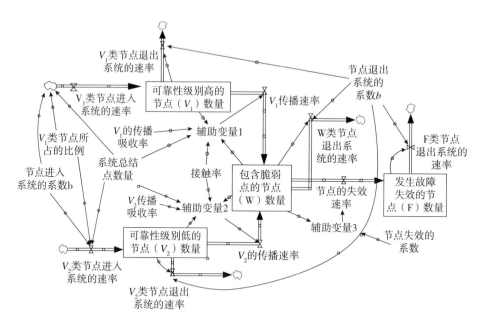

图 3-4　分布式虚拟化环境系统内节点脆弱性传播的系统动力学模型

表 3-8　系统动力学参数

变量	变量说明	单位
State Variable		
Vulnerable1	可靠性级别高的节点数量（V_1）	个
Vulnerable2	可靠性级别低的节点数量（V_2）	个
Infectious	包含脆弱点的节点数量（W）	个
Faulted	发生故障失效的节点数量（F）	个
速率变量		
InfectionRate1	V_1 的传播速率（$\dfrac{\alpha_1 \beta W}{M}$）	个/t
InfectionRate2	V_2 的传播速率（$\dfrac{\alpha_2 \beta W}{M}$）	个/t
FaultRate	节点的失效速率（γW）	个/t

续表

变量	变量说明	单位
Inward_V1	V_1 类节点进入系统的速率（pbM）	个/t
Inward_V2	V_2 类节点进入系统的速率（（$1-p$）bM）	个/t
OutwardNode_V1	V_1 类节点退出系统的速率（bV_1）	个/t
OutwardNode_V2	V_2 类节点退出系统的速率（bV_2）	个/t
OutwardNode_W	W 类节点退出系统的速率（bW）	个/t
OutwardNode_F	F 类节点退出系统的速率（bF）	个/t
Auxiliary Variable		
InfectionRateAux1	*InfectionRate*1 的辅助变量（辅助变量 1）	个/t
InfectionRateAux2	*InfectionRate*2 的辅助变量（辅助变量 2）	个/t
FaultRateAux	*FaultRate* 的辅助变量（辅助变量 3）	个/t
常数		
ContactRate	接触率（β）	个/t
Infectivety1	V_1 的传播吸收率（α_1）	%
Infectivety2	V_2 的传播吸收率（α_2）	%
InCoeffcient	节点进入系统的系数 b	%
OutCoeffcient	节点退出系统的系数 b	%
FaultCoeffcient	节点失效的系数（γ）	%
TotalNode	系统内总的节点数量（M）	个
Parameter	V_1 类节点所占的比例（p）	%

通过上面给出的模型，可以模拟计算脆弱点被攻击时的传播范围，令 N 为大数据服务存储期节点的总数量，$M = V + W + F$ 为三类节点的总数，则传播范围可以定义为当系统达到平衡后，M 与 N 的比值，即发生故障的和被感染的节点占总节点的百分比，并根据表 3-9 判断脆弱性影响程度。

表 3-9　脆弱性传播范围定义

风险概率范围	描述
0.1	传播范围很小
0.3	传播范围比较小
0.5	传播范围中等
0.7	传播范围较大
0.9	传播范围很大

3.3　大数据服务存储期风险评估模型

基于前面的分析，本节给出云环境下大数据服务的风险评估模型，主要思路是，首先邀请专家使用犹豫模糊语言变量构建风险因素识别三要素的决策信息，根据集结算子对决策矩阵进行集结，从而获得风险评估三要素对评判等级的隶属度。其次根据上节提出的脆弱性传递模型来修正专家对脆弱性的主观评估数据。最后计算整个系统的风险等级。

3.3.1　基于犹豫模糊语言的隶属度确定方法

在传统的信息安全风险评估和云计算风险评估中，判断风险因素对风险三要素的隶属度时，要求专家给出精确的判断信息，这样的操作实际上是非常困难的，而且得到的结果会和实际产生较大的偏差。因此，本书选择犹豫模糊语言表达专家在大数据服务存储期风险评估过程中，对评判集合中评判准则的支持程度。

设风险因素集合 $A = \{U_1, U_2, U_3, \cdots, U_n\}$，$R = g(t, c, f)$，其中，$t$ 表示风险因素对系统的威胁频度，c 表示风险因素对资产的影响，f 为脆弱性的严重程度。$S = \{s_i \mid i = 0, 1, 2, \cdots, 2g, g \in \mathbb{N}\}$ 是语言术语集，则隶属度的确定步骤如下：

Step 1　利用专家访谈法、文献法、调研法分别识别 R 中的 c 和 f 的评估要素，即风险因素的影响对象。集合 $C = \{C_1, C_2, \cdots, C_k\}$ 和 $F = \{F_1, F_2, \cdots, F_l\}$，$k$ 和 l 分别表示两个集合中要素的数量。

Step 2　确定语言术语集的等级，即确定集合 S 中 g 的数量。邀请专家基于风险因素集合 A 对评估对象 C 和 F 做出判断，给出所有可能的影响程度，评估信息为集合 S 的子集。

Step 3　把专家的意见集合利用式（3-5）转化为多重犹豫模糊二元语义形式，根据专家的权重，利用聚集算子 $G2TLWA$ 或 $G2TLOWA$ 对专家的意见进行集结运算。

Step 4　设集结的结果为 h_{MS}，对 h_{MS} 中所有的元素按照 s_i 相等的条件进行分组，对每组内的二元语义中的 a 进行集结后的结果进行规范化，获得风险因素对所属评估等级的隶属度。集结过程如下：

设 h_{MS} 中的犹豫模糊元共分为 m 组，s_i 分组内有 n 个犹豫模糊二元语义 $h_{MS}^{(i)} = \{(\Gamma_1^{(i)}, \alpha_1^{(i)}), (\Gamma_2^{(i)}, \alpha_2^{(i)}), \cdots, (\Gamma_n^{(i)}, \alpha_n^{(i)})\}$，满足 $\Gamma_1^{(i)} = \Gamma_2^{(i)} = \cdots = \Gamma_n^{(i)} = \Gamma_i$，设 n 个元素的权重向量为 W，则 $H^{(i)} = \sum_{k=1}^{n} w_k \alpha_k^{(i)}$，则风险因素关于语言术语 Γ_i 的隶属度可以表示为：

$$f(\Gamma_i) = \frac{H^{(i)}}{\sum_{j=1}^{m} H^{(j)}} \tag{3-10}$$

3.3.2　大数据存储期风险评估模型

综合前面的内容，下面给出大数据存储期风险评估模型。详细的评估步骤如下：

Step 1　建立大数据服务存储期风险指标集 $A = \{U_1, U_2, U_3, \cdots, U_n\}$。构建存储期风险三要素集 $R = g(t, c, f)$，其中，t 表示 A 对云系统的威胁频度，c 表示 A 对大数据资产的影响，f 为脆弱性的严重程度。

Step 2　对于资产、脆弱性、威胁 3 个要素建立评判集合 $S = \{s_1, s_2, \cdots, s_n\}$，评判集合为语言术语集。本书采取等级赋值方式对大资产的影响、脆弱性严重程度、威胁频度赋值和安全防控措施等级进行评估，如表 3-10 所示。

Step 3　根据 3.3.1 的方法计算风险因素计算隶属度。

Step 4 根据 Step 3 的结果分别构造资产影响、脆弱性、威胁频度的等级，建立风险评估矩阵 H_c、H_f、H_t。

Step 5 构建系统脆弱点风险元传递矩阵，利用系统动力学工具对系统的脆弱性风险元传播进行模拟，修正专家评估矩阵 H_f。

Step 6 利用熵权法依次计算 A 中风险因素和评判集合 S 指标的权重向量 $W = (w_1, w_2, \cdots, w_n)$ 和 $\phi = (\phi_1, \phi_2, \cdots, \phi_n)$，依据公式 $R = W \times D \times \phi^T$ 分别计算数据资产影响、脆弱性、威胁频度和安全防控措施功效的风险值 R_c、R_f、R_t。

表 3-10 大数据服务存储期风险评估等级

等级	威胁频率	资产重要度	脆弱性严重程度
很高	威胁发生的频率很高，在大多数情况下无法避免	数据资产重要程度很高，被破坏后可能导致大数据服务受到严重影响	存在非常严重程度的脆弱点，发生后被威胁利用的可能性很高，且传播范围很大
高	威胁发生的频率较高，在大多数情况下很有可能发生	数据资产重要程度较高，被破坏后可能导致大数据服务受到比较严重影响	存在比较严重程度的脆弱点，发生后被威胁利用的可能性较高，且传播范围较大
中等	威胁发生的可能性中等，在某种情况下可能会发生	数据资产重要程度中等，被破坏后可能导致大数据服务受到中等程度的影响	存在中等严重程度的脆弱点，发生后被威胁利用的可能性为中，且传播范围中等
低	威胁发生的频率较小，一般不太可能发生	数据资产重要程度较低，被破坏后可能导致大数据服务受到较低程度的影响	存在较低严重程度的脆弱点，发生后被威胁利用的可能性较低，且传播范围比较小
很低	威胁几乎没有发生过，仅仅可能在极端特殊的情况下才发生	数据资产重要程度很低，被破坏后可能导致大数据服务受到忽略不计的影响	存在很低严重程度的脆弱点，发生后被威胁利用的可能性很低，且传播范围很小

Step 7 计算大数据服务存储期风险等级。计算大数据服务存储期风

险值：$Risk = g(c, t, f,) = k_1 R_c + k_2 R_f + k_3 R_t$，其中 k_1、k_2、k_3 为 3 个要素的相对重要程度，且 $k_1 + k_2 + k_3 = 1$。

3.4　算例应用

本书采用一个案例（程玉珍，2013），北京某高校要搭建一个高水平、低成本的公共服务平台，通过网络环境下的存储资源、数据资源和计算资源的共享，利用虚拟化和自动化的方式动态部署软件和硬件资源，实现给学校用户、兄弟院校和社会企业提供三种大数据服务：一是为学校教学科研活动提供计算服务。二是为学校的学生和教师提供软件和平台服务。三是为电子政务试点提供支持，为相关政府部门提供服务。该设计方案选择了北京市某云服务公司提供的解决方案，该公司立足于互联网领域，依托公司在云计算方面的研发能力，为互联网增值服务运营商、政府、科研院所和企业提供云主机、存储等基础云服务，内容分发与加速、视频托管发布、云会议、云电脑等应用托管服务和解决方案。

为了评估该公司提供的云存储方案风险，特邀请了 3 位信息化领域专家对项目存储期存在的风险进行评价，风险指标体系采用本书构建的风险识别表，3 位专家给出了风险因素对大数据资产影响的评估信息，结果记录在表 3–11、表 3–12 和表 3–13 中，为了让描述信息更清晰，直接给出多重犹豫模糊二元语义的表示方法。

3 位专家的评价信息构建为多重犹豫模糊术语，定义术语集 $S = \{s_0 = $ 很低，$s_1 = $ 低，$s_2 = $ 中等，$s_3 = $ 高，$s_4 = $ 很高$\}$，根据 3.2.1 的分析，识别的风险因素集 $A = \{DR_1, DR_2, DR_3, DR_4, TR_1, TR_2, TR_3, TR_4, NR_1, NR_2, NR_3, NR_4, NR_5\}$。为了表述上的一致，将集合 A 表示为 $A = \{U_1, U_2, U_3, U_4, U_5, U_6, U_7, U_8, U_9, U_{10}, U_{11}, U_{12}, U_{13}\}$。大数据资产的重要性指标 $D = \{D_1, D_2, D_3, D_4, D_5, D_6, D_7, D_8, D_9, D_{10}\}$。

表3-11 专家1的评估矩阵 $\hat{P}^{(1)}$

	D_1	D_2	D_3	D_4	D_5
u_1	$\{(s_0, 0), (s_1, 0), (s_2, 0)\}$	$\{(s_4, 0)\}$	$\{(s_1, 0), (s_2, 0)\}$	$\{(s_2, 0)\}$	$\{(s_0, 0), (s_1, 0)\}$
u_2	$\{(s_2, 0)\}$	$\{(s_2, 0)\}$	$\{(s_1, 0)\}$	$\{(s_2, 0)\}$	$\{(s_1, 0), (s_2, 0)\}$
u_3	$\{(s_0, 0)\}$	$\{(s_3, 0), (s_4, 0)\}$	$\{(s_2, 0), (s_3, 0)\}$	$\{(s_1, 0)\}$	$\{(s_2, 0)\}$
u_4	$\{(s_2, 0)\}$	$\{(s_2, 0), (s_3, 0)\}$	$\{(s_2, 0)\}$	$\{(s_2, 0)\}$	$\{(s_3, 0), (s_4, 0)\}$
u_5	$\{(s_1, 0)\}$	$\{(s_0, 0)\}$	$\{(s_0, 0), (s_1, 0)\}$	$\{(s_0, 0), (s_1, 0)\}$	$\{(s_1, 0)\}$
u_6	$\{(s_2, 0), (s_3, 0)\}$	$\{(s_1, 0)\}$	$\{(s_2, 0)\}$	$\{(s_2, 0)\}$	$\{(s_1, 0), (s_2, 0)\}$
u_7	$\{(s_0, 0)\}$	$\{(s_0, 0), (s_1, 0)\}$	$\{(s_0, 0)\}$	$\{(s_1, 0)\}$	$\{(s_2, 0)\}$
u_8	$\{(s_2, 0)\}$	$\{(s_2, 0)\}$	$\{(s_0, 0), (s_1, 0)\}$	$\{(s_3, 0)\}$	$\{(s_2, 0)\}$
u_9	$\{(s_0, 0)\}$	$\{(s_1, 0)\}$	$\{(s_2, 0)\}$	$\{(s_1, 0)\}$	$\{(s_3, 0)\}$
u_{10}	$\{(s_2, 0)\}$	$\{(s_0, 0), (s_1, 0)\}$	$\{(s_1, 0)\}$	$\{(s_2, 0)\}$	$\{(s_0, 0), (s_1, 0)\}$
u_{11}	$\{(s_0, 0), (s_1, 0)\}$	$\{(s_1, 0)\}$	$\{(s_0, 0)\}$	$\{(s_1, 0), (s_2, 0)\}$	$\{(s_2, 0)\}$
u_{12}	$\{(s_1, 0)\}$	$\{(s_2, 0)\}$	$\{(s_1, 0), (s_2, 0)\}$	$\{(s_2, 0)\}$	$\{(s_2, 0), (s_3, 0)\}$
u_{13}	$\{(s_0, 0)\}$	$\{(s_2, 0)\}$	$\{(s_2, 0)\}$	$\{(s_2, 0)\}$	$\{(s_2, 0)\}$

续表

	D_6	D_7	D_8	D_9	D_{10}
u_1	$\{(s_1, 0), (s_2, 0)\}$	$\{(s_0, 0)\}$	$\{(s_0, 0)\}$	$\{(s_0, 0)\}$	$\{(s_1, 0), (s_0, 0)\}$
u_2	$\{(s_3, 0)\}$	$\{(s_1, 0), (s_2, 0)\}$	$\{(s_1, 0)\}$	$\{(s_0, 0)\}$	$\{(s_1, 0), (s_2, 0)\}$
u_3	$\{(s_0, 0)\}$	$\{(s_1, 0)\}$	$\{(s_0, 0)\}$	$\{(s_1, 0), (s_2, 0)\}$	$\{(s_1, 0)\}$
u_4	$\{(s_1, 0)\}$	$\{(s_0, 0)\}$	$\{(s_0, 0), (s_1, 0)\}$	$\{(s_0, 0)\}$	$\{(s_0, 0)\}$
u_5	$\{(s_0, 0), (s_1, 0)\}$	$\{(s_1, 0)\}$	$\{(s_2, 0)\}$	$\{(s_1, 0)\}$	$\{(s_0, 0)\}$
u_6	$\{(s_1, 0)\}$	$\{(s_0, 0)\}$	$\{(s_1, 0)\}$	$\{(s_0, 0)\}$	$\{(s_1, 0)\}$
u_7	$\{(s_0, 0), (s_1, 0)\}$	$\{(s_0, 0), (s_1, 0)\}$	$\{(s_0, 0)\}$	$\{(s_0, 0)\}$	$\{(s_0, 0)\}$
u_8	$\{(s_0, 0), (s_1, 0)\}$	$\{(s_2, 0)\}$	$\{(s_1, 0), (s_2, 0)\}$	$\{(s_1, 0)\}$	$\{(s_1, 0), (s_2, 0)\}$
u_9	$\{(s_0, 0)\}$	$\{(s_2, 0)\}$	$\{(s_2, 0)\}$	$\{(s_2, 0)\}$	$\{(s_2, 0)\}$
u_{10}	$\{(s_0, 0)\}$	$\{(s_1, 0)\}$	$\{(s_0, 0)\}$	$\{(s_3, 0), (s_4, 0)\}$	$\{(s_2, 0), (s_3, 0)\}$
u_{11}	$\{(s_0, 0), (s_1, 0)\}$	$\{(s_0, 0)\}$	$\{(s_1, 0)\}$	$\{(s_2, 0), (s_3, 0)\}$	$\{(s_2, 0)\}$
u_{12}	$\{(s_1, 0)\}$	$\{(s_1, 0), (s_2, 0)\}$	$\{(s_0, 0)\}$	$\{(s_0, 0)\}$	$\{(s_1, 0)\}$
u_{13}	$\{(s_0, 0)\}$	$\{(s_0, 0)\}$	$\{(s_0, 0)\}$	$\{(s_1, 0)\}$	$\{(s_2, 0)\}$

表 3-12　专家 2 的评估矩阵 $\hat{P}^{(2)}$

	D_1	D_2	D_3	D_4	D_5
u_1	$\{(s_3,0),(s_4,0)\}$	$\{(s_0,0)\}$	$\{(s_3,0)\}$	$\{(s_0,0)\}$	$\{(s_0,0)\}$
u_2	$\{(s_0,0)\}$	$\{(s_0,0),(s_1,0)\}$	$\{(s_2,0)\}$	$\{(s_0,0)\}$	$\{(s_0,0),(s_1,0)\}$
u_3	$\{(s_0,0)\}$	$\{(s_0,0)\}$	$\{(s_0,0)\}$	$\{(s_2,0)\}$	$\{(s_0,0)\}$
u_4	$\{(s_3,0)\}$	$\{(s_1,0)\}$	$\{(s_0,0),(s_1,0)\}$	$\{(s_2,0),(s_3,0)\}$	$\{(s_4,0)\}$
u_5	$\{(s_0,0)\}$	$\{(s_2,0)\}$	$\{(s_0,0)\}$	$\{(s_0,0)\}$	$\{(s_0,0)\}$
u_6	$\{(s_0,0),(s_1,0)\}$	$\{(s_0,0)\}$	$\{(s_0,0)\}$	$\{(s_0,0)\}$	$\{(s_1,0)\}$
u_7	$\{(s_0,0)\}$	$\{(s_0,0)\}$	$\{(s_2,0),(s_3,0)\}$	$\{(s_0,0),(s_1,0)\}$	$\{(s_0,0)\}$
u_8	$\{(s_1,0)\}$	$\{(s_0,0)\}$	$\{(s_2,0)\}$	$\{(s_1,0)\}$	$\{(s_0,0),(s_1,0)\}$
u_9	$\{(s_3,0)\}$	$\{(s_0,0),(s_1,0)\}$	$\{(s_4,0)\}$	$\{(s_0,0),(s_1,0)\}$	$\{(s_4,0)\}$
u_{10}	$\{(s_1,0)\}$	$\{(s_0,0)\}$	$\{(s_0,0)\}$	$\{(s_0,0)\}$	$\{(s_0,0)\}$
u_{11}	$\{(s_1,0)\}$	$\{(s_0,0)\}$	$\{(s_0,0),(s_1,0)\}$	$\{(s_0,0)\}$	$\{(s_2,0)\}$
u_{12}	$\{(s_0,0),(s_1,0)\}$	$\{(s_3,0)\}$	$\{(s_0,0)\}$		$\{(s_0,0)\}$
u_{13}	$\{(s_0,0)\}$	$\{(s_0,0)\}$	$\{(s_0,0)\}$		$\{(s_3,0)\}$

	D_6	D_7	D_8	D_9	D_{10}
u_1	$\{(s_0,0)\}$	$\{(s_0,0)\}$	$\{(s_0,0)\}$	$\{(s_0,0)\}$	$\{(s_0,0)\}$
u_2	$\{(s_1,0)\}$	$\{(s_0,0)\}$	$\{(s_0,0)\}$	$\{(s_0,0),(s_1,0)\}$	$\{(s_1,0)\}$

续表

	D_6	D_7	D_8	D_9	D_{10}
u_3	$\{(s_0, 0)\}$	$\{(s_1, 0)\}$	$\{(s_0, 0), (s_1, 0)\}$	$\{(s_0, 0)\}$	$\{(s_2, 0)\}$
u_4	$\{(s_1, 0)\}$	$\{(s_0, 0), (s_1, 0)\}$	$\{(s_0, 0)\}$	$\{(s_1, 0)\}$	$\{(s_0, 0), (s_1, 0)\}$
u_5	$\{(s_0, 0)\}$	$\{(s_0, 0)\}$	$\{(s_1, 0)\}$	$\{(s_1, 0), (s_2, 0)\}$	$\{(s_0, 0)\}$
u_6	$\{(s_0, 0), (s_1, 0)\}$	$\{(s_1, 0)\}$	$\{(s_4, 0)\}$	$\{(s_0, 0), (s_1, 0)\}$	$\{(s_0, 0)\}$
u_7	$\{(s_0, 0)\}$	$\{(s_0, 0)\}$	$\{(s_0, 0)\}$	$\{(s_0, 0)\}$	$\{(s_1, 0)\}$
u_8	$\{(s_1, 0)\}$	$\{(s_0, 0)\}$	$\{(s_0, 0), (s_1, 0)\}$	$\{(s_3, 0)\}$	$\{(s_4, 0)\}$
u_9	$\{(s_3, 0), (s_4, 0)\}$	$\{(s_0, 0), (s_1, 0)\}$	$\{(s_3, 0)\}$	$\{(s_2, 0)\}$	$\{(s_4, 0)\}$
u_{10}	$\{(s_0, 0)\}$	$\{(s_0, 0)\}$	$\{(s_0, 0)\}$	$\{(s_0, 0)\}$	$\{(s_0, 0), (s_1, 0)\}$
u_{11}	$\{(s_0, 0), (s_1, 0)\}$	$\{(s_0, 0)\}$	$\{(s_2, 0), (s_3, 0)\}$	$\{(s_1, 0)\}$	$\{(s_0, 0)\}$
u_{12}	$\{(s_0, 0)\}$	$\{(s_1, 0)\}$	$\{(s_0, 0)\}$	$\{(s_0, 0), (s_1, 0)\}$	$\{(s_0, 0)\}$
u_{13}	$\{(s_2, 0)\}$	$\{(s_0, 0)\}$	$\{(s_2, 0)\}$	$\{(s_0, 0)\}$	$\{(s_1, 0)\}$

表3-13 专家3的评估矩阵 $\hat{P}^{(3)}$

	D_1	D_2	D_3	D_4	D_5
u_1	$\{(s_3, 0)\}$	$\{(s_0, 0)\}$	$\{(s_1, 0)\}$	$\{(s_0, 0)\}$	$\{(s_0, 0)\}$
u_2	$\{(s_2, 0), (s_3, 0)\}$	$\{(s_1, 0)\}$	$\{(s_0, 0)\}$	$\{(s_0, 0), (s_1, 0)\}$	$\{(s_1, 0)\}$
u_3	$\{(s_0, 0)\}$	$\{(s_0, 0), (s_1, 0)\}$	$\{(s_0, 0)\}$	$\{(s_0, 0)\}$	$\{(s_2, 0)\}$
u_4	$\{(s_2, 0)\}$	$\{(s_0, 0)\}$	$\{(s_1, 0)\}$	$\{(s_1, 0)\}$	$\{(s_0, 0), (s_1, 0)\}$
u_5	$\{(s_0, 0)\}$	$\{(s_0, 0)\}$	$\{(s_1, 0), (s_2, 0)\}$	$\{(s_1, 0), (s_2, 0)\}$	$\{(s_0, 0)\}$
u_6	$\{(s_0, 0)\}$	$\{(s_0, 0), (s_1, 0)\}$	$\{(s_0, 0)\}$	$\{(s_0, 0)\}$	$\{(s_2, 0)\}$
u_7	$\{(s_0, 0), (s_1, 0)\}$	$\{(s_1, 0)\}$	$\{(s_0, 0)\}$	$\{(s_1, 0)\}$	$\{(s_0, 0), (s_1, 0)\}$
u_8	$\{(s_0, 0)\}$	$\{(s_0, 0)\}$	$\{(s_1, 0)\}$	$\{(s_0, 0), (s_1, 0)\}$	$\{(s_3, 0)\}$
u_9	$\{(s_1, 0)\}$	$\{(s_0, 0)\}$	$\{(s_3, 0)\}$	$\{(s_3, 0)\}$	$\{(s_0, 0)\}$
u_{10}	$\{(s_1, 0), (s_2, 0)\}$	$\{(s_0, 0), (s_1, 0)\}$	$\{(s_3, 0)\}$	$\{(s_1, 0)\}$	$\{(s_0, 0)\}$
u_{11}	$\{(s_0, 0)\}$	$\{(s_1, 0)\}$	$\{(s_1, 0), (s_2, 0)\}$	$\{(s_2, 0), (s_3, 0)\}$	$\{(s_1, 0)\}$
u_{12}	$\{(s_0, 0)\}$	$\{(s_2, 0)\}$	$\{(s_0, 0)\}$	$\{(s_0, 0)\}$	$\{(s_0, 0), (s_1, 0)\}$
u_{13}	$\{(s_1, 0)\}$	$\{(s_0, 0)\}$	$\{(s_0, 0)\}$	$\{(s_2, 0)\}$	$\{(s_2, 0)\}$

	D_6	D_7	D_8	D_9	D_{10}
u_1	$\{(s_0, 0)\}$	$\{(s_0, 0)\}$	$\{(s_0, 0)\}$	$\{(s_1, 0)\}$	$\{(s_0, 0)\}$
u_2	$\{(s_0, 0)\}$	$\{(s_0, 0), (s_1, 0)\}$	$\{(s_0, 0)\}$	$\{(s_0, 0)\}$	$\{(s_0, 0), (s_1, 0)\}$

续表

	D_6	D_7	D_8	D_9	D_{10}
u_3	$\{(s_0, 0)\}$	$\{(s_0, 0)\}$	$\{(s_0, 0)\}$	$\{(s_0, 0), (s_1, 0)\}$	$\{(s_2, 0)\}$
u_4	$\{(s_1, 0)\}$	$\{(s_0, 0)\}$	$\{(s_0, 0), (s_1, 0)\}$	$\{(s_1, 0)\}$	$\{(s_2, 0)\}$
u_5	$\{(s_2, 0), (s_3, 0)\}$	$\{(s_1, 0)\}$	$\{(s_0, 0)\}$	$\{(s_0, 0)\}$	$\{(s_1, 0)\}$
u_6	$\{(s_0, 0)\}$	$\{(s_0, 0), (s_1, 0)\}$	$\{(s_0, 0)\}$	$\{(s_0, 0)\}$	$\{(s_1, 0), (s_2, 0)\}$
u_7	$\{(s_2, 0)\}$	$\{(s_2, 0)\}$	$\{(s_0, 0), (s_1, 0)\}$	$\{(s_1, 0)\}$	$\{(s_3, 0)\}$
u_8	$\{(s_0, 0), (s_1, 0)\}$	$\{(s_2, 0)\}$	$\{(s_0, 0)\}$	$\{(s_2, 0)\}$	$\{(s_0, 0)\}$
u_9	$\{(s_1, 0)\}$	$\{(s_3, 0)\}$	$\{(s_1, 0)\}$	$\{(s_0, 0), (s_1, 0)\}$	$\{(s_4, 0)\}$
u_{10}	$\{(s_3, 0)\}$	$\{(s_1, 0), (s_2, 0)\}$	$\{(s_1, 0), (s_2, 0)\}$	$\{(s_0, 0)\}$	$\{(s_0, 0), (s_1, 0)\}$
u_{11}	$\{(s_0, 0)\}$	$\{(s_0, 0)\}$	$\{(s_0, 0)\}$	$\{(s_0, 0)\}$	$\{(s_1, 0)\}$
u_{12}	$\{(s_1, 0)\}$	$\{(s_3, 0)\}$	$\{(s_0, 0)\}$	$\{(s_0, 0)\}$	$\{(s_2, 0)\}$
u_{13}	$\{(s_0, 0)\}$	$\{(s_0, 0)\}$	$\{(s_0, 0)\}$	$\{(s_1, 0)\}$	$\{(s_0, 0)\}$

专家评估意见散点图如图3-5所示。获得专家的评估信息之后，需要对专家的意见进行集结，从而获得风险因素集 Λ 对语言术语集的隶属度。根据专家的地位、所属专业、对决策问题的熟悉程度，确定了3位专家的初始权重向量为 $\Omega = (0.3, 0.1, 0.6)$。根据 Wang J 等，（2016）的分析结果，取 $\lambda = 0.6$，利用以下公式进行集结。

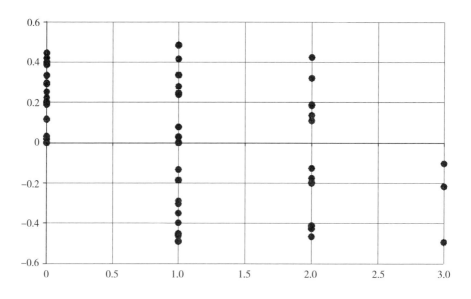

图3-5 专家评估意见散点图

$$\hat{P}_{ij} = G2TLOWA_{0.6}(\hat{P}_{ij}^{(1)}, \hat{P}_{ij}^{(2)}, \hat{P}_{ij}^{(3)}) = (\overset{3}{\underset{i=1}{\oplus}}(w_i(\hat{P}_{ij}^{(\sigma(k))})^{0.6}))^{\frac{1}{0.6}}$$

下面以 $\hat{P}_{11}$ 为例说明计算过程，即 $\hat{h}_1 = \{(s_0, 0), (s_1, 0), (s_2, 0)\}$、$\hat{h}_2 = \{(s_3, 0), (s_4, 0)\}$ 和 $\hat{h}_3 = \{(s_3, 0)\}$ 的集结过程。

第一，根据定义2-9分别计算 $\hat{h}_1$、$\hat{h}_2$ 和 $\hat{h}_3$ 的得分函数和精度函数值。

先根据式（3-14）计算 $\hat{h}_1$ 中每个元素的 $\Delta_*^{-1}(\cdot)$ 值，这里 $g=2$，$a=1.4$。计算可得：

$$\Delta_*^{-1}((s_0, 0)) = 0、\Delta_*^{-1}((s_1, 0)) = 0.292、\Delta_*^{-1}((s_2, 0)) = 0.5$$

$$S(\hat{h}_1) = \frac{0 + 0.292 + 0.5}{3} = 0.264$$

$$A(\hat{h}_1) = \frac{(0 - 0.264)^2 + (0.292 - 0.264)^2 + (0.5 - 0.264)^2}{2} = 0.063$$

同理可得，$S(\hat{h}_2) = 0.854$，$A(\hat{h}_2) = 0.021$；$S(\hat{h}_3) = 0.708$，$A(\hat{h}_3) = 0$。

根据比较规则可知：$\hat{h}_2 > \hat{h}_3 > \hat{h}_1$。

第二，利用集结算子进行集结，结果为：$\hat{P}_{11} = \{(s_0, 0.4854)$，$(s_2, -0.3199)$，$(s_2, 0.4239)$，$(s_1, -0.3501)$，$(s_2, 0.0575)$，$(s_3, -0.2173)\}$。

同理可得，$\hat{P}_{12} = \{(s_0, 0)\}$，$\hat{P}_{13} = \{(s_1, 0.4839)$，$(s_2, -0.4121)\}$，$\hat{P}_{14} = \{(s_0, 0.2024)\}$，$\hat{P}_{15} = \{(s_0, 0)$，$(s_0, 0)\}$，$\hat{P}_{16} = \{(s_0, 0.1164)$，$(s_0, 0.2024)\}$，$\hat{P}_{17} = \{(s_0, 0)\}$，$\hat{P}_{18} = \{(s_0, 0)\}$，$\hat{P}_{19} = \{(s_0, 0.1164)\}$，$\hat{P}_{110} = \{(s_0, 0)\}$。

第三，对以上结果进行分组，根据得分函数计算相应的数值，并进行标准化。

s_0：$\{(s_0, 0)$，$(s_0, 0.2024)$，$(s_0, 0)$，$(s_0, 0)$，$(s_0, 0.1164)$，$(s_0, 0.2024)$，$(s_0, 0)$，$(s_0, 0)$，$(s_0, 0.1164)$，$(s_0, 0)\}$

s_1：$\{(s_1, 0.4839)\}$

s_2：$\{(s_2, -0.4121)\}$

采用相同的方法，可以得到风险因素集 A 对数据资产影响的隶属度矩阵，如表 3-14 所示。

表 3-14　风险因素集 A 对数据资产影响的隶属度矩阵

风险因素 ＼ 级别	s_0	s_1	s_2	s_3	s_4
u_1	0.457	0.254	0.289	0	0
u_2	0.466	0.534	0	0	0
u_3	0.5662	0.4338	0	0	0
u_4	0.3635	0.3276	0.3089	0	0
u_5	0.4762	0.5238	0	0	0

级别 风险因素	s_0	s_1	s_2	s_3	s_4
u_6	0.5155	0.4845	0	0	0
u_7	0.4909	0.5091	0	0	0
u_8	0.345	0.3656	0.2894	0	0
u_9	0.2165	0.2236	0.2511	0.2987	0
u_{10}	0.5014	0.4986	0	0	0
u_{11}	0.2971	0.2669	0.2558	0.1802	0
u_{12}	0.4275	0.2690	0.3034	0	0
u_{13}	0.3509	0.3419	0.3072	0	0

最后根据熵权法,计算权重向量信息 W = (0.063, 0.107, 0.108, 0.06, 0.107, 0.107, 0.107, 0.06, 0.027, 0.107, 0.028, 0.062, 0.06) 和语义集合 S 的权重向量,各等级的权重相等,则可以得到数据风险的 R_a = 0.2005。分别计算威胁频度 R_t 和脆弱性严重程度 R_v,计算结果分别为 0.278 和 0.314。

考虑各指标的重要程度,采用加权平均法计算大数据服务存储期风险值,由于数据风险对于数据资产的影响比较重要,设置其权重为 0.5,威胁频度和脆弱性严重程度的权重分别为 0.2 和 0.3,则该公司的大数据建设方案风险值为 $Risk$ = 0.5×0.2005+0.2×0.278+03×0.314 = 0.2505,该方案的风险等级为较低。

3.5 本章小结

本章分析了大数据服务存储期的工作方式和特点,针对之前研究很少关注数据价值的不足,从数据资产的角度,从数据质量和数据服务能力两个方面整理了评判数据重要性的 10 个指标体系。针对存储期工作特点,构建了数据风险、技术风险和管理风险三大类共 13 个风险因素。云计算环境下脆弱性研究缺少动态建模的问题，采用传染病模型和系统动力学工具模拟了脆弱性动态发展的过程，构建了脆弱性动态风险评估模型。以此为基础，采用二元语义犹豫模糊理论构建风险评估模型，算例表明，该方法可以从数据价值角度评估大数据服务存储系统的风险，为后续研究奠定了基础。

第④章

云环境下大数据服务
服务期风险元传递模型

随着云计算基础设施的发展和应用的不断深入，越来越多的服务从本地网络迁移到云计算环境。由于组织和企业对大数据服务的需求越来越大，云供应商将部分服务封装之后对外提供标准化的大数据服务。以阿里云大数据即服务为例，其提供的大数据服务包括数据应用、数据分析及展现产品、大数据基础服务产品三大类。无论是云服务还是大数据服务，在向用户提供服务的时候，一项非常重要的内容是服务等级协议（Service Level Agreement，SLA）。SLA 是指服务提供商和服务消费者之间关于服务质量（Quality of Services，QoS）等级所约定的合约义务。SLA 的目的是达到服务提供者和服务消费者双方的 QoS 级别。但在实际运行过程中，QoS 容易受到多种不确定因素的干扰，导致用户体验变差，甚至是 SLA 违约，严重的会造成服务停止，给依赖于大数据服务的企业带来声誉和经济上的损失，本章主要研究大数据服务阶段 QoS 动态风险问题。

4.1 大数据服务服务期风险分析及相关内容

4.1.1 服务期风险原因分析

虽然各大云计算和大数据服务商加大了安全技术投入以应对各种风险因素，减少服务违约问题。突然的服务中断和系统宕机等服务问题，即使是大型的服务提供商也无法完全避免。2016 年 5 月 9 日，Salesforce.com 的硅谷 NA14 实例脱机超过了 24 小时。2016 年 6 月 30 日，微软公司的 Office 365 邮件服务持续脱机超过了 12 小时。2016 年 10 月 21 日，美国最主要的 DNS 服务商 DYN 遭遇了一系列分布式拒绝服务（DDoS）攻击，导致使用该服务的诸多网站如 Amazon、Airbnb、Netflix、Twitter 等都无法访问或登录。2017 年 2 月 28 日晚，百度移动搜索宕机 30 分钟。诸如此类的风险问题更是层出不穷。

目前，很多企业因为自身技术不足或成本原因，将自己的 IT 资源和数据业务委托给各类大数据服务平台。这种方式有利有弊，有利的方面是可以利用这种新兴 IT 服务经济模式，借助于大数据服务平台的技术和成本优势，利用云端的服务代替本地的硬件购买、软件安装配置、运维等一系列成本昂贵的活动，享受可预知的业务流费用以及更加便宜和可靠的应用。但大数据服务和云计算像其他基于网络的应用一样，面临着许多风险问题。由于用户和企业的资源及业务由服务商控制并负责实际的管理职责，用户和企业本身对云环境上的存储内容控制减弱，造成双方 SLA 缺乏有效的安全约束，云提供商和服务消费者之间的信任降低。

大数据服务 SLA 是指大数据服务提供商与其用户之间协商达成的协议，SLA 定义了服务水平目标的预期服务质量和未满足大数据服务提供者目标的处罚（Cui et al., 2016）。然而，与服务质量相关的不确定性使服务消费者对服务缺乏信心，可能阻碍消费者采用云服务，因为大数据服务运行的云环境具有动态性、虚拟化、网络化等特点，在对外提供服务时，面临诸多风险因素，导致服务质量无法达到承诺的水平，对用户的体验和业务造成很大的影响。本章将与 QoS 有关的不确定因素描述为风险元，是大数据服务风险管理中的风险因素的集合，其产生原因主要有以下几点：

第一，大数据服务通过调用相关联的外部服务共同完成系统功能。被调用的服务消失或 QoS 发生变化，致使调用的大数据服务执行时间等 QoS 指标发生波动，从而造成大数据服务 SLA 违约。

第二，云平台开放式的工作特点使得在不同时间段里向同一个大数据服务发出调用请求的数量具有随机性，而服务端的各种资源是有限的，这就造成了同一个大数据服务在不同的时间段会产生不同的 QoS，这不仅和本地的硬件资源及网络设备有关，还依赖于用户的使用情况，具有随机性。

第三，大数据的存储、处理、计算和分析，都离不开存储设备，都需要在网络上传输大量的数据，而网络带宽、吞吐量等本身就具有不确定性，从而导致服务质量发生变化或不可用。

4.1.2　多层次大数据服务结构

大数据服务的形式和运行基础都与云计算上起初提供的 Web 有相似之处，因此本书借鉴 Web 服务组合的思想，提出大数据服务组合框架的概念。Rao 等（2004）提出了一种通用的服务组合系统框架。框架包含服务请求者和提供者两种角色，以及流程生成器、转换器、评估器、执行引擎和服务数据库五个组件。其工作流程为，服务数据库负责采集服务发布者发布的服务信息。转换器负责将服务请求者的请求转换为内部描述并交给流程生成器。流程生成器负责生成业务流程并返回给转换器。转换器负责对服务绑定，然后发给评估器。评估器对流程进行评估并选择最优的结果进行执行，执行引擎负责组合服务的执行并把结果反馈给服务请求者。

4.1.2.1　Web 服务组合生命周期

基于工作流程的 Web 服务组合生命周期如图 4-1 所示，包括目标制定、服务发现、服务选择、服务执行和服务检测与维护五个阶段。第一阶段由用户给出有关服务组合流程、偏好、约束等需求。第二阶段利用 Web 服务注册数据库，查找能够满足业务功能要求的 Web 服务。第三阶段针对第二阶段查找的多个服务择优选择服务并进行组合，即服务绑定过程。第四阶段将组合服务送往执行机构运行实例。第五阶段检测服务运行状态，对于发生的错误及时响应。

4.1.2.2　基于大数据服务组合的工作流程及分类

基于图 4-1 的 Web 服务组合框架及林文敏（2015）关于大数据服务任务规划的描述，本节提出基于大数据服务组合的工作流程，如图 4-2 所示。该框架模型将大数据服务根据功能的不同划分为业务层、服务层和数据层。

（1）业务层。

基于大数据服务的业务需求比较复杂，可能无法通过单个云服务满足业务对于各种大数据服务的要求。业务层可以对整个商业逻辑进行任务规划，生成满足用户约束要求的大数据工作流，该工作流由若干子任务构成一个有向无环图，每个子任务的需求不同，并向服务层发出请求，多个子任务协同工作，共同完成商业逻辑。

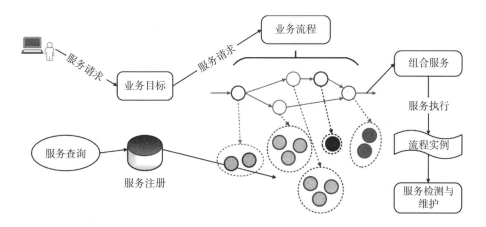

图 4-1 基于工作流程的 Web 服务组合生命周期

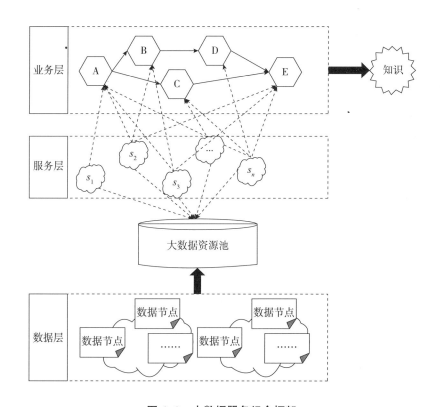

图 4-2 大数据服务组合框架

（2）服务层。

服务层由大数据服务集 $S = \{s_1, s_2, \cdots, s_n\}$ 中的元素构成，其中 s_i 表示某种大数据服务，如大数据计算服务、大数据存储服务、大数据传输服务、大数据分析服务、大数据处理服务、大数据可视化服务等。

（3）数据层。

数据层是指分布在云上的各种数据资源的集合 $D = \{d_1, d_2, \cdots, d_n\}$，数据的来源有企业和用户两种，企业包括电信运营企业、互联网企业、电力、银行等富数据型企业，用户指网络中产生数据的各类用户的统称。由数据资源管理节点负责服务层和数据层之间的联系。

从图4-2可以看出，在大数据服务期内，企业根据业务需要构建的各类依赖于大数据服务的流程构成了业务层，业务层向运行在云平台上的各类大数据服务发出功能请求和数据请求，并实现数据增值和价值发现。

4.1.3　大数据服务服务期风险识别

本节将大数据服务服务期的风险总结为数据处理风险、数据分析风险、数据管理风险三大类共10种风险，如表4-1所示。

表4-1　大数据服务服务期评价指标体系

分类	一级指标	二级指标
云环境大数据服务服务期风险指标体系	数据处理风险	数据质量风险（SR_1）
		数据真实性风险（SR_2）
		数据知情权风险（SR_3）
		预处理方法选择风险（SR_4）
		非结构数据转换风险（SR_5）
	数据分析风险	模型选定风险（SR_6）
		决策质量风险（SR_7）
		数据过度挖掘风险（SR_8）
	数据管理风险	道德风险（SR_9）
		服务水平协议管理风险（SR_{10}）

4.1.3.1　数据处理风险

（1）数据质量风险（SR_1）。

数据质量是大数据分析和服务的保障和基础，如果没有以高质量的数据为基础，高价值的决策结果就是空中楼阁，会失效或者得到不准确的结论。不论是经济管理领域还是计算机应用领域，不同的组织对于数据的质量都制定了不同的衡量准则。一些国家也建立了全面的数据质量标准。如加拿大的"适用性、及时性、准确性、衔接性、可取得性、可解释性"，美国的"准确性、可比性、适用性"，欧盟的"准确性、适用性、可取得性、及时性、方法专业性、可比性、衔接性"等，详见余芳东（2002）的研究。此外，大数据环境也无法避免"小数据"问题，数据中包含偏差和失真明显的噪声数据，这也会影响数据的质量。

（2）数据真实性风险（SR_2）。

舍恩伯格在其著作《大数据的时代》中指出，"数据量的大幅增加会造成结果的不准确，一些错误的数据会混进数据库"。数据真实性风险主要是指数据在收集过程中造成的失真风险。造成这种风险的主要原因有：收集存储过程中进行选择性或指向性收集，收集了大量无用的或失去时效性的数据。收集操作过程不规范，数据收集系统运行参数设置不正确，为了谋求利益而人为篡改。这些都会对数据真实性造成不同程度的影响。

（3）数据知情权风险（SR_3）。

大数据环境下，到处充斥着收集数据的智能设备。比如保险公司为了实现客户保费差别定价，通过传感器收集行车数据，结合行车路线、地理位置、车损等用户交通数据并借助技术手段实现自己的目标（马费成等，2009）。在此情况下，用户应该拥有对个人数据采集的时间、地点和内容的知情权，以及决定数据是否能被采集的权利。但目前法律上对此都没有清晰的界定和描述，加之数据收集企业自身的技术优势，在数据收集时可能会侵害用户的知情权，甚至是过度采集数据。或者用户明知道自己的个人数据被收集，但数据收集企业在智能设备上并没有提示用户是否停止的设置或选择。

（4）预处理方法选择风险（SR_4）。

收集的原始数据往往存在不完整、噪声和不一致等问题，影响数据分析和数据挖掘的质量。所以在运用数据清理、集成、变换和规约等大数据的预处理技术时需要提高数据质量。然而，选择不同的数据预处理方法也会对预处理的结果造成不同的影响，特别是大数据的应用场景众多，数据的来源、数据的格式、数据的问题都存在较大差异，不存在一种方法能解决原始数据收集的所有问题。预处理方法选择策略也会对数据的质量造成不同的影响。

（5）非结构数据转换风险（SR_5）。

大数据格式可以分为结构化、半结构化和非结构化三类，收集的数据中结构化数据所占比例不足 20%，为了能够利用成熟的结构化处理技术，需要将大量的非结构化数据转化为结构化数据。由于认知差异和技术完善程度不统一，数据信息在转换时会发生信息失真和丢失。

4.1.3.2 数据分析风险

（1）模型选定风险（SR_6）。

大数据分析的应用范围广泛，从语音和图像识别的机器学习到估计和检验的统计推断，不仅需要构建适用的模型，还要对纳入模型的因素参数和统计假设进行选择。统计模型本身就存在着很多不确定性，模型形式多样，包括线性和非线性以及非参数，无论何种模型都存在不足，这也意味着选择模型的同时也承担了模型本身的误差。此外，对非结构化数据理解和表达上的缺失，也会导致数据无法准确反映总体的真实情况，即存在"取伪"和"弃真"两种错误。

（2）决策质量风险（SR_7）。

数据分析是为最终的决策服务的，企业的运行机制中，通常数据分析和数据决策分属于不同的部门，这种分工模式使两者在信息的传递和协作方面产生分歧。一是对决策目标在理解上存在不同，数据分析人员更多关注分析的技术细节和分析指标，这对于决策者宏观上的决策缺少支持。二是当两者利益目标发生冲突的时候，某一方会干预和影响分析、决策的结果，从而导致企业经营和收益方面的风险。

（3）数据过度挖掘风险（SR_8）。

数据的过度挖掘类似于统计学中的过拟合问题，原因在于过度追求样本数据的拟合效果。虽然过拟合的模型检测指标比较理想，拟合效果也比较好，但这样的模型用于决策分析，可能会给使用者带来与预想结果偏差较大甚至是相反的结果。例如，日本福岛核电站设计时抵御地震的级别为 8.6 级，2011 年发生了 9.1 级地震后，对福岛乃至全世界都造成了极大的危害，主要原因是预测人员排除了近期发生地震的可能性，造成这一结果的原因可能是日本的地震预测模型是过度拟合模型（邱东，2014）。

4.1.3.3　数据管理风险

（1）道德风险（SR_9）。

数据分析需要具有较高的专业基础。通常企业会在内部自设数据分析部门或外包给专业的数据分析公司。获得信息和分析结果的优先性，会造成个人和企业不同部门信息不对称，如果企业激励机制和监管处罚措施不完善、个体自身道德水准不高，那么分析人员或优先获得分析结果的个体会谋求小团体利益，做出损害企业利益甚至是违法的行为。此外，对分析结果的使用也会影响企业的决策质量。

（2）服务水平协议管理风险（SR_{10}）。

服务水平协议管理风险泛指大数据服务运营组织对大数据服务的各类SLA 没有达到协定标准的风险，这将在下一节详细讨论。其余风险因素将在第 6 章讨论。

4.1.4　大数据服务工作流

基于业务流程的服务组合理论，组合服务可以建模为具有不同结构的工作流。Aalst 等（2013）从控制流（Control-flow）、操作（Operational）和资源三个不同的视角详细描述了工作流模型。控制流视角描述了不同结构下活动的执行顺序。数据视角是在业务上叠加流程数据。操作视角描述了控制流视角中活动执行的基本动作。资源视角提供了设备或人的组织结构，这些内容是控制流中活动执行的基础。Schuller 等（2011）从控制流视角将基于组合服务的业务流程描述为一个有向无环图构成的编制模型（Orchestration Model），如图 4-3 所示。

在该模型中，图的顶点可以是网关（Gateway）和任务（Task）两种形式。一般来说，任务节点是指普通节点，网关表示工作流的工作逻辑，有分支选择功能，包括 XOR、AND 和 OR 三种类型，分别表示条件分支结构、并行分叉结构和多项选择结构，每种结构又包括 split 和 join 两种类型的节点，即 *-split 和 *-join，这里的 * 代表 XOR、AND 和 OR 三种类型。组合流程可以通过结构树细化过程（Refined Process Structure Tree，RPST）

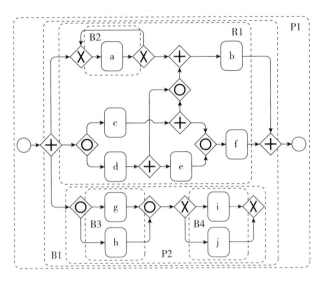

图 4-3　编制模型

分解为编制组件（Orchestration Components）和解析树（Parse Tree），根据以上边和节点的定义，组合服务可以分解为顺序结构、循环结构、并行结构、条件分支结构、多选分支结构、有向无环图分支结构共六种类型。六种类型的示意图如图 4-4（a）至图 4-4（f）所示。

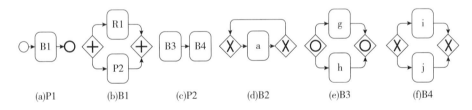

(a)P1　　　(b)B1　　　(c)P2　　　(d)B2　　　(e)B3　　　(f)B4

图 4-4　编制组件结构

参考业务流程服务组合理论，本书给出大数据服务工作流的相关概念。

定义 4-1　大数据服务工作流。在本书中大数据服务工作流泛指建立在大数据服务或云计算服务基础上的业务流程，这些业务流程包括若干个不同结构的执行单元，每个单元的执行有可能需要大数据服务或云计算服务完成。云计算环境下的大数据服务工作流可以被建模为有向无环图，可以表示成一个四元组 $G = <V, E, t_0, t_n>$，由下列几个部分组成：

（1）V 是顶点的有限集合。每个顶点关联云计算环境下工作流的某个任务 t_i（$0 \leqslant i \leqslant n$）。当工作流开始运行时，可以选择分布在不同区域上的大数据服务或其他云服务运行。

（2）$E \subset V \times V$ 是顶点之间关联的边。集合中的每个边 $e = <t_i, p_i, t_j> \in E$ 可以表示为三元组，代表大数据服务工作流中两个任务之间的依赖关系，p_i 表示两个任务之间的转移概率，如果某个任务只有一个后继节点，则 $p_i = 1$。

（3）$t_0 \in V$ 表示开始任务；$t_n \in V$ 表示终止任务。

定义 4-2 执行路径和执行计划。对于一个大数据服务工作流的规划 $T = \{t_1, t_2, \cdots, t_m\}$，$t_i$ 代表执行任务，T 表示具有 $(t_i \to t_{i+1}) \wedge (t_{i+1} \to t_{i+2}) \wedge \cdots \wedge (t_{j-1} \to t_j)$ 关系的任务集合，T 形成一个执行路径 $\pi_{i..j} = (t_i, t_{i+1}, t_{i+2}, \cdots, t_j)$，大数据服务集 $S = \{s_1, s_2, \cdots, s_m\}$ 和 T 具有以下关系：

$$(<t_i, s_i> \to <t_{i+1}, s_{i+1}>) \wedge (<t_{i+1}, s_{i+1}> \to <t_{i+2}, s_{i+2}>) \wedge \cdots \wedge (<t_{j-1}, s_{j-1}> \to <t_j, s_j>)$$

这里，符号 $\wedge$ 表示与操作。$<t_j, s_j>$ 大数据服务 s_i 为 t_i 提供所需的大数据服务。

定义 4-3 大数据服务 QoS 指标。大数据服务质量是一个多维的向量，定义集合 $Q(s) = \{q_1(s), q_2(s), \cdots, q_n(s)\}$ 为 n 维大数据服务 QoS 指标，这里的 $q_i(s)$ 表示大数据服务商和用户针对服务 s 达成的第 i 个 QoS 指标。因此，任务 t_k 的 $Q(s)$ 可以表示为 $Q_k(s) = \{q_1(s), q_2(s), \cdots, q_n(s)\}$，具体的指标将在下一节做进一步讨论。

定义 4-4 大数据服务工作流 QoS 风险元。大数据服务工作流调度方案中所依赖的各个服务的 QoS 指标会因为各种因素表现为波动的现象，具有不确定性的特征，称为大数据服务工作流 QoS 风险元。

QoS 风险元对于大数据服务组合选择有比较大的影响，在 Web 服务中，QoS 感知的服务选择是指，从大量的、服务质量千差万别但功能相同的 Web 服务中，选择合适组合参与复合，实现复合服务 QoS 最优化的问题。针对 QoS 感知的服务选择问题的研究，学者们已提出了众多方法，但 QoS 的不确定性较少引起学者们的关注（简星，2016）。也有学者关注大数据服务的组合问题，但未关注大数据服务的 QoS 风险问题，如果不考虑这些风险问题，大数据服务质量也难以保证，以至于影响建立在这些服务基础上的工作流。例如，服务响应时间一般是 QoS 最基本的指标之一，假

设有两个服务 A 和 B，A 服务在响应时间指标上要优于 B 服务，如果只关注指标值，那么在组合服务选择中，就会优先选择 A 服务。如果在服务选择时，考虑服务响应时间的方差值，即服务响应时间的不确定性，则 B 服务有可能是最优的选择。

在本章中，基于风险元传递理论中 GERT 风险元传递方法，针对 QoS 风险元概率分布已知和未知两种情况，重点研究这类 QoS 风险元在工作流执行路径上的传递问题，对于风险元概率分布难以估计的情况，采用区间数的方法表示风险元的不确定性度量。

4.1.5　大数据服务 QoS 指标

QoS 的概念最早出自因特网，表示服务的非功能性属性，反映了服务用户对其选用的服务的满意程度，也是网络在确保信息传输、满足服务需求等方面能力的具体映射。在不同的研究领域，QoS 具有不同的表述形式，对于服务器硬件来说，一般用平均故障间隔时间（Mean Time Between Mailures，MTBF）、平均服务恢复时间（Mean Time to Restore Service，MTRS）及平均修复时间（Mean Time to Repair，MTTR）等参数表示。对于 Web 服务来说，其服务质量通常用非功能属性集，如吞吐量、可靠性、响应时间、价格等描述服务满足用户需求的能力。目前，还没有一个关于 QoS 一致性的模型。在大数据服务 QoS 方面，江澄（2014）和马晓亭（2016）从不同的应用场景中给出了相关的描述。因为大数据服务的调用方式和 Web 服务相似，其运行的环境处于云环境下，具备云服务的特征。本书借鉴相关文献中有关 Web 服务和云服务 QoS 的描述和聚合方法，列举以下几种大数据服务 QoS 属性：

第一，响应时间（Response Time，RT）是指用户发出服务请求到得到请求响应所需要的时间间隔，是服务对各类请求做出回应的时间，即服务请求者发送请求至收到应答之间的时间间隔，主要包括等待时间 t_1、执行时间 t_2 和通信时间 t_3，则 $rt = t_1 + t_2 + t_3$。单位一般为毫秒。

第二，吞吐量（Throughput，TP）是指单位时间内处理任务发出的服务请求数量。该指标为统计属性，值越大，大数据服务性能越好，且与服务负载情况具有函数关系。计算公式为：

$$tp = \frac{\sum_{i=0}^{t} N(m,\ i)}{t_m}$$

其中，$\sum_{i=0}^{t} N(m,\ i)$ 表示 s_m 在时刻 i 处理的服务请求次数，t_m 为统计的时间区间。

第三，可用性（Availability，AV），该指标的版本比较多。通常指特定环境或特殊情况下，产品或服务能达到特定用户目标任务的满意程度。对于云服务而言，可以用鲁棒性（*Robustness*）和准确性（*Accuracy*）来衡量。

其中，$Robustness = \dfrac{T_{available}}{T_{total}}$ 表示云服务在异常情况下执行任务的时间与云服务运行的总时间比值。$Accuracy = \dfrac{n}{N}$ 表示最大期望时间内，云服务完成请求任务的次数与执行任务总次数的比值。本书把大数据服务可用性定义为，任务调用服务时可用次数与调用总次数的比值，其值为 [0，1] 或 [0，100] 上的区间值。

第四，可靠性（Reliability，RE）是指调用大数据服务时，返回结果为正确的次数与总调用次数的比值，其值也为 [0，1] 或 [0，100] 上的区间值。

第五，信誉度（Reputation，RP）是指调用大数据服务时，提供服务的质量符合约定要求的次数与总调用次数的比值，其值也为 [0，1] 或 [0，100] 上的区间值，反映了大数据服务商服务口碑和知名度。

第六，价格（Price，PR）是指由大数据服务供应商所提供的相关服务费用。

第七，数据管理能力（Data Management Capacity，DMC）是指大数据服务商对于数据机密性、完整性、安全性以及数据迁移能力的度量。

为了便于后续的计算，需要区分 QoS 指标的类型是效益型（Postive）还是成本型（Negtive）。在上面的 QoS 中，吞吐量、可靠性、可用性、信誉度、数据管理能力等为效益型指标，值越大越好。响应时间、价格等为成本型指标，值越小越好。

QoS 除了能够衡量一个服务，还可以通过 QoS 聚合的方法衡量组合服务，组合服务的计算公式和服务的结构有关，表 4-2 总结了顺序、循环、并行、条件、多选 5 种结构的聚集公式。

表 4-2　QoS 聚合函数

QoS 指标	顺序	循环	并行	条件	多选
rt, pr	$\sum\limits_{i=1}^{n} q_i$	$k \times q_i$	$\max\limits_{i=1}^{n}(q_i)$	$\sum\limits_{i=1}^{n} p_i \times q_i$	$\sum\limits_{h \in H} p_h \max\limits_{i \in h}(q_i)$
av, re, dmc	$\prod\limits_{i=1}^{n} q_i$	$(q_i)^n$	$\prod\limits_{i=1}^{n} q_i$	$\prod\limits_{i=1}^{n} p_i \times q_i$	$\sum\limits_{h \in H} p_h \prod\limits_{i \in h} q_i$
tp	$\min\limits_{i=1}^{n}(q_i)$	q_i	$\min\limits_{i=1}^{n}(q_i)$	$\sum\limits_{i=1}^{n} p_i \times q_i$	$\sum\limits_{h \in H} p_h \min\limits_{i \in h}(q_i)$
rp	$\dfrac{1}{n}\sum\limits_{i=1}^{n} q_i$	q_i	$\dfrac{1}{n}\sum\limits_{i=1}^{n} q_i$	$\sum\limits_{i=1}^{n} p_i \times q_i$	$\sum\limits_{h \in H} p_h \dfrac{1}{|h|}\sum\limits_{i \in h} q_i$

其中，H 表示分支机构所有可组合的方案幂集。p_i 是分支 i 的执行概率，$|h|$ 表示当前组合分支数量。

4.2　大数据服务工作流概率型 QoS 风险元传递模型

4.2.1　信号流图分析方法

4.2.1.1　信号流图概述

信号流图最初来源于配电网络的分析计算，后来逐步发展成为自动控制、随机网络、电路分析、网络计划等工程领域中的线性系统建模和分析工具。信号流图使用有向边和节点表示系统的元素，节点代表变量，有向边表示各个变量之间的关系，通常用传递系数或由多个参数组成的传递函数表示，有向边的弧头表示相互联系的节点之间的方向。

在信号流图系统中，对于任意相邻节点 i 和 j，分别对应于独立变量 v_i 和 v_j，如果两者之间存在着有向边 ij，则和该有向边相关联的参数 t_{ij} 表示传

递节点 v_i 的因子，表明了 v_i 和 v_j 之间的传递关系。节点上的变量值等于该节点的前序节点的传递值的和。

$$v_j = \sum_i v_i t_{ij} \tag{4-1}$$

式（4-1）表明了不同节点所对应的变量之间具有线性关系。

4.2.1.2　信号流图特征

信号流图具有拓扑等价、节点等价分裂、节点消去、路径反向等特征（俞斌，2010）。

（1）拓扑等价。

串联（并联）节点的传递关系为各串联（并联）有向边上传递值的积（和）。

自环节点的传递关系与自环上传递值 t 有 $1/(1-t)$ 的关系。

根据以上等价规则，可以对复杂信号流图进行简化，得到等价的传递系数或传递函数。

（2）节点等价分裂。

当信号流图的结构比较复杂时，可将这样结构的节点分裂成一个或多个节点，并添加单位传递系数的有向边，保持传递关系，形成等价的信号流图。

（3）节点消去。

如果信号流图中节点和传递关系比较多，可以采用类似于高斯法的方法消去过程中的节点，以局部等价传递系数代替原传递关系，简化传递系数的计算。

（4）路径反向。

路径反向是逆转两个节点变量之间的关系，同时使经过路径反向处理的信号流图的传递关系与转换前的信号流图完全等价。该特性只适用于两种路径：环路路径或从严格独立节点到严格相关节点的路径。这里严格独立节点是指没有以该节点为弧头的节点，即入度为零的节点，严格相关节点的定义与之类似，即出度为零的节点。

信号流图的四个特性简化了求解信号流图等价传递系数的过程。1953年，梅森提出了一种求解任意复杂结构信号流图的拓扑方程，也称为梅森公式。

定义 4-5　在信号流图中，路径是由一系列节点和节点之间有向边构成的表达式, 若路径的开始节点与结束节点相同, 则称该路径为环。

相对应的有一阶环和 N 阶环的概念。一阶环是指环上的节点都可由环内的任意节点到达, 同时不包括其他环, 满足这样两个条件称为一阶环, 自环是一阶环的特例。一阶环的概念可以扩展到 N 阶环, N 阶环是指信号流图中存在 n 个一阶环, 这 n 个一阶环互不相交, 则称为 N 阶环。相对应的有二阶环、三阶环等概念。

设 t_{ij} 表示节点 v_i 和 v_j 之间的传递系数, 则梅森公式可以表示为:

$$t_{ij} = \frac{v_j}{v_i} = \frac{\sum\limits_{k=1}^{n} p_k \Delta_k}{\Delta} \tag{4-2}$$

其中, v_i 和 v_j 定义同上, p_k 表示节点 i 到节点 j 之间路径的传递系数。$\Delta = 1 - \sum\limits_{m} \sum\limits_{i} (-1)^m t_i(L_m)$ 为信号流图的特征式, i 为在 m 阶环中的第 i 个环。Δ_k 为消去第 k 条路径上全部节点和关联边之后剩余子图的特征式。

4.2.2 模型的构建

图形评审技术 (GERT) 网络是一种基于计划评估和审查技术 (PERT) 的通用的随机网络分析方法, 已经广泛应用在复杂供应链、工业生产、计划调度等多个社会领域。GERT 不仅适合表征风险、不确定性等因素, 而且其具备的能够计算系统动态、传递特性的优点, 适合对大数据工作流 QoS 风险元的动态特性进行建模。

大数据服务分散在不同地理区域, 通过实现业务活动的工作流连接在一起, 形成了一个复杂的 GERT 网络。大数据服务工作流 QoS 风险元依附于工作流中的任务节点, 通过信息关联在云工作流之间形成了风险的流动和传递。

基于以上分析, 本书提出的大数据服务工作流 QoS 风险元 GERT 网络模型如图 4-5 所示。

定义 4-6 概率型大数据服务工作流 QoS 风险元传递 GERT 网络模型 (PBQRETM)。PBQRETM 可以定义为一个三元组 (N, E, R)。具体的描述如下:

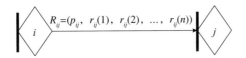

图 4-5　大数据服务工作流 QoS 风险元 GERT 网络模型

（1）$N = \{n_1, n_2, \cdots\}$ 表示只包含"或"型节点的风险元传递节点。

（2）$E = \{e_{ij} \mid < v_i, v_j >\}$ 表示连接顶点的枝线集合。

（3）$R = N \times E \cup E \times N = \{\tilde{r}_{ij}(k), k \in \{1, 2, \cdots, n\}\}$ 表示枝线上的风险流。定义枝线 $< v_i, v_j >$ 上关于 QoS 指标的 n 个风险元 $r_{ij}(k)$，这里假设 n 个风险元之间是相互独立的。

在图 4-5 所示的模型中，R_{ij} 表示节点 i 到节点 j 的风险流，p_{ij} 表示大数据服务工作流两个任务节点之间的转移概率。同理，工作流中两个任务节点之间的路径即为风险元的传递路径。大数据服务工作流执行所依赖的服务 QoS 所包含的不确定风险因素随着该路径在任务节点之间传递。针对大数据服务工作流风险元传递模型构建问题，本节首先研究大数据服务 QoS 概率分布已知的风险元传递问题。在下一节中，将研究概率分布未知，以区间数表达的 QoS 不确定风险的传递问题。

4.2.3　基于最大熵的 QoS 分布概率求解方法

对于大数据服务 QoS 而言，直接获得其概率分布并不容易，一般而言，统计矩是比较容易获得的统计信息，以样本矩为计算基础，对大数据服务 QoS 进行概率建模，是一个比较可行的方法。在这些方法中，最大熵方法具有以下几个优势（Xi Z, 2012）：

第一，使用最大熵方法可以获得研究问题概率分布的最佳无偏估计，在数据不充分的情况下，对未知的假定最少，这一点已经得到数学上的证明。

第二，对于一些非线性的概率密度，如指数多项式，最大熵方法有利于求解待定系数。

第三，熵集中的原理使随机事件的可能状态集中在最大熵附近，所以用最大熵预测的概率分布准确性最高。

第四，最大熵求得的确定性的测度（熵）与实验步骤无关，解能够满足一致性要求。

基于以上原因，本书选择最大熵方法对大数据服务 QoS 概率进行建模。根据最大熵理论，QoS 属性在小样本条件下，根据已知信息附加约束条件，大数据服务 QoS 概率分布满足包含最少人为偏见，并且该概率分布能够使熵最大化。所以，小样本条件下，对大数据服务 QoS 的概率分布预测就转换为先验信息约束条件下的最优化问题，也就是使获得的概率分布主观因素最少。

根据最大熵原理，x 的最优无偏估计优化模型为：

$$\max H = -\int_{-\infty}^{+\infty} f_X(x) \ln f_X(x)\, \mathrm{d}x$$

$$\mathrm{s.\,t.} \int_{-\infty}^{\infty} \varphi_n(x) \ln f_X(x)\, \mathrm{d}x = \mu_n$$

$$n = 0,\ 1,\ 2,\ \cdots,\ N \tag{4-3}$$

设定 $\varphi_n(x) = x^n$，其中，$\varphi_0(x) = 1$，μ_n 的原点矩和中心距分别为：

$$\mu_n = \frac{1}{m} \sum_{i=1}^{m} x_i^n \tag{4-4a}$$

$$\mu_n = \frac{1}{m} \sum_{i=1}^{m} (x_i - \mu)^m \tag{4-4b}$$

在式（4-4）中，m 为样本数量，μ 为样本均值，x_i 为第 i 个样本值。引入拉格朗日乘子，得：

$$L = H + \sum_{i=0}^{N} \lambda_i \left(\int_{-\infty}^{\infty} \varphi_i(x) \ln f_X(x) - \mu_i \right)$$

$\lambda = [\lambda_0,\ \lambda_1,\ \cdots,\ \lambda_N]$ 为对应的拉格朗日乘子。令 $\partial L / \partial f_X(x) = 0$，得到：

$$\ln f_X(x) = -1 + \sum_{i=0}^{N} \lambda_i \varphi_i(x)$$

假设概率密度函数为：

$$f_X(x) = \exp\left(\sum_{i=0}^{N} a_i \varphi_i(x) \right)$$

其中，$a_0 = \lambda_0 - 1$，$a_i = \lambda_i - 1 (i = 1,\ 2,\ \cdots,\ N)$ 为待定系数，N 为样本

矩最大阶数，一般取 $N=4$ 或者 $N=5$（陈超等，2018）。这里，x 的各阶原点矩可以通过积分表示为：

$$m_k = \int_{-\infty}^{+\infty} \varphi_k(x) f_X(x)\,\mathrm{d}x = \int_{-\infty}^{+\infty} \varphi_k(x) \exp(a_0 + a_1 x + \cdots + a_N x^N)\,\mathrm{d}x$$

$$(4-5)$$

其中，待定系数有 $N+1$ 个，为非线性方程组，这里采用优化算法将问题转化为无约束的优化问题求解。

$$\min G(a_0,\ a_1,\ \cdots,\ a_N)$$

$$= \sum_{k=0}^{N} \omega_k \left(m_k - \int_{-\infty}^{+\infty} \varphi_k(x) \exp(a_0 + a_1 x + \cdots + a_N x^N)\right)\mathrm{d}x$$

其中，ω_k 为加权系数，为了保证量纲的一致性，取 $\omega_k = m_2^{-k}$。

对于优化算法，需要确定其初始点，可以按正态分布给出算法的初始点。

$$\frac{1}{\sqrt{2\pi}\,\sigma_x} e^{-\frac{(x-\mu_x)^2}{2\sigma_x^2}} = \exp\left[\left(-\ln(\sqrt{2\pi}\,\sigma_x) - \frac{\mu_x^2}{2\sigma_x^2}\right) + \frac{\mu_x}{\sigma_x^2}x - \frac{x^2}{2\sigma_x^2}\right]$$

其中，$\mu_x = m_1$，$\sigma_x^2 = m_2 - m_1^2$。

获得初始点为：

$$a_0 = -\ln(\sqrt{2\pi}\,\sigma_x) - \frac{x^2}{2\sigma_x^2}\ ,\ a_1 = \frac{\mu_x}{\sigma_x^2}\ ,\ a_2 = \frac{1}{2\sigma_x^2}\ ,\ a_3 = 0\ ,\ a_4 = 0$$

通过以上方法，可以从历史样本数据中获得 QoS 概率分布，之后再计算随机变量 X 的矩母函数和传递函数，为风险元传递模型求解奠定基础。

对于随机变量 X 和 s（$s \in \Re$），可以采用如下方法定义 X 的矩母函数：

$$M_X(s) = E\left[e^{sX}\right] = \begin{cases} \int_{-\infty}^{\infty} e^{sx} f_X(x)\,\mathrm{d}x, & \text{连续随机变量} \\ \sum_{x \in X} e^{sx} p(x), & \text{离散随机变量} \end{cases}$$

上式中，对于 s 的数学期望 $E\left[e^{sX}\right]$ 存在性问题，需要考虑随机变量 X 的有界性问题。当随机变量 X 无界时，$E\left[e^{sX}\right]$ 只对于某些 s 存在；当随机变量 X 有界时，$E\left[e^{sX}\right]$ 对于所有的 s 都存在。当 $s=0$ 时，则 $M_X(s) = E\left[e^0\right] = 1$。

4.2.4 风险元传递函数的构建和求解

风险元传递函数在大数据服务工作流动态特性的描述中扮演重要角色。当等价风险元传递函数确定后,确定和计算模型的矩母函数和重要的参数,工作流中每个节点的风险由三个部分构成:以该节点为入度的所有关联边传入风险,节点自身的QoS风险,流向下一个节点的风险。各个工作流节点中包含源节点传入的风险,包括 R_{rt}、R_{tp}、R_{av}、R_{re}、R_{rp}、R_{pr}、R_{dmc},分别对应响应时间、吞吐量、可用性、可靠性、信誉度、价格、数据管理能力的风险元度量。

定理 4-1 设 $r_{ij}(1)$,$r_{ij}(2)$,$\cdots$,$r_{ij}(n)$ 是大数据工作流上节点 i 到节点 j 的 n 个相互独立的风险元,设每个风险元的矩母函数都存在,且两个节点的等价参量等于 n 个风险元的线性组合,即 $r_{ij} = \lambda_1 r_{ij}(1) + \lambda_2 r_{ij}(2) + \cdots + \lambda_n r_{ij}(n)$,那么从节点 i 到节点 j 的等价传递函数可以按式(4-6)进行计算。

$$W_{ij}(s_1,\ s_2,\ \cdots,\ s_n) = \frac{\prod_{k=1}^{n} M_{x_{ij}(k)}(s_k \lambda_k)}{p_{ij}^{n-1}} \tag{4-6}$$

证明: 已知 $r_{ij} = \lambda_1 r_{ij}(1) + \lambda_2 r_{ij}(2) + \cdots + \lambda_n r_{ij}(n)$,且 $r_{ij}(1)$,$r_{ij}(2)$,$\cdots$,$r_{ij}(n)$ 相互独立,可以得到:

$$W_{ij}(s_1,\ s_2,\ \cdots,\ s_n) = p_{ij} M_y(s_1,\ s_2,\ \cdots,\ s_n) = p_{ij} E \left[e^{s_1 \lambda_1 r_{ij}(1) + s_2 \lambda_2 r_{ij}(2) + \cdots + s_n \lambda_n r_{ij}(n)} \right]$$

$$= p_{ij} E \left[\prod_{k=1}^{n} e^{s_k \lambda_k r_{ij}(k)} \right] = p_{ij} \prod_{k=1}^{n} E \left(e^{s_k \lambda_k r_{ij}(k)} \right)$$

$$= p_{ij} \prod_{k=1}^{n} M_{r_{ij}(k)}(s_k \lambda_k)$$

$$= \frac{\prod_{k=1}^{n} M_{r_{ij}(k)}(s_k \lambda_k)}{p_{ij}^{n-1}}$$

定理 4-2 设 $W_k(s_1,\ s_2,\ \cdots,\ s_n)$ 是节点 i 到节点 j 第 k 个路径的等价传递函数,$k = 1,\ 2,\ \cdots,\ K$;$K \geq 1$,$W_k(L_m)$ 是 m 阶环中第 k 个环的等价传递系数,则从节点 i 到节点 j 的等价传递系数 $W_{ij}(s_1,\ s_2,\ \cdots,\ s_n)$ 可通过式(4-7)求得:

$$W_{ij}(s_1, s_2, \cdots, s_n) = \frac{\sum_{k=1}^{n} W_r(s_1, s_2, \cdots, s_n)\left[1 - \sum_m \sum_{v \neq k} (-1)^m W_v(L_m)\right]}{1 - \sum_m \sum_v (-1)^m W_v(L_m)}$$

$$(4-7)$$

证明： 由于 $W_k(L_m)$ 为 m 阶环中第 i 个环的等价传递系数，大数据服务工作流中风险元传递模型的特征式为 $\Delta = 1 - \sum_m \sum_v (-1)^m W_v(L_m)$，则消去第 k 条路径相关联的节点和边的特征式为 $\Delta_k = 1 - \sum_m \sum_{v \neq k} (-1)^m W_v(L_m)$，且由于 $W_k(s_1, s_2, \cdots, s_n)$ 是节点 i 到节点 j 第 k 个路径的等价传递函数，$k=1$，2，$\cdots$，K；$K \geqslant 1$，根据梅森公式可以推导出节点 i 到节点 j 的等价传递函数为：

$$W_{ij}(s_1, s_2, \cdots, s_n) = \frac{\sum_{k=1}^{n} W_r(s_1, s_2, \cdots, s_n)\left[1 - \sum_m \sum_{v \neq k} (-1)^m W_v(L_m)\right]}{1 - \sum_m \sum_v (-1)^m W_v(L_m)}$$

在 PBQRETM 中，等价传递概率表征了大数据服务工作流任意两个节点之间风险传递的可能性大小。利用矩母函数，可以计算每一阶原点矩，进而计算每一阶的中心距。令 $W_{ij}(s_1, s_2, \cdots, s_k, \cdots, s_n)$ 表示节点 i 到节点 j 之间的等价传递函数，根据多参数矩母函数的特征，大数据服务工作流中节点 i 到节点 j 之间的等价传递概率等于将 $W_{ij}(s_1, s_2, \cdots, s_k, \cdots, s_n)$ 中所有 s_k 置为 0。

$$p_{ij} = W_{ij}(s_1, s_2, \cdots, s_k, \cdots, s_n)\big|_{s_k=0}$$

对上式进一步计算，可以得到：

$$p_{ij} = W_{ij}(0, 0, \cdots, 0, \cdots, 0) = p_{ij} M_{ij}(0, 0, \cdots, 0, \cdots, 0)$$

$$= p_{ij} \prod_{k=1}^{n} M_{r_{ij}(k)}(\lambda_k s_k)\big|_{s_k=0} = p_{ij} \prod_{k=1}^{n} M_{r_{ij}(k)}(0)$$

根据梅森公式，节点 i 到节点 j 的等价矩母函数为：

$$M_{ij}(S) = \frac{W_{ij}(s_1, s_2, \cdots, s_k, \cdots, s_n)}{p_{ij}} = \frac{W_{ij}(s_1, s_2, \cdots, s_k, \cdots, s_n)}{W_{ij}(0, 0, \cdots, 0, \cdots, 0)}$$

$$(4-8)$$

大数据服务工作流风险元传递模型的目标之一是评估工作流执行计划的风险。在本节中，我们提出大数据服务工作流执行计划风险度的概念，以此指标度量因为大数据服务 QoS 不确定性引起的风险。

根据参与计算风险元的数目的不同，可以把风险度分为单风险元风险度和多风险元风险度两种。李存斌（2007）将统计学中的变异系数概念引入到网络计划项目风险传递问题，将变异系数定义为风险度，借鉴这种定义方式，下面给出大数据服务工作流单风险元风险度的相关概念和内容。

风险元 $r_{ij}(k)$ 的风险度为 $\psi_{ij}(k)$。$E(r_{ij}(k))$ 和 $V(r_{ij}(k))$ 分别表示第 k 个风险元的期望和方差，$\sqrt{V(r_{ij}(k))}$ 表示风险元 $r_{ij}(k)$ 的绝对度量，则风险度 $\psi_{ij}(k)$ 可以定义为 $\psi_{ij}(k) = \dfrac{\sqrt{V(r_{ij}(k))}}{E(r_{ij}(k))}$，$k \in \{1, 2, \cdots, n\}$。

假设有执行计划 $\rho_{i..j} = (<t_i, s_i>, <t_{i+1}, s_{i+1}>, \cdots, <t_j, s_j>)$，$T = \{t_p | t_p$ 是执行计划 $\rho_{i..j}$ 的任务节点$\}$，$S = \{s_p | s_p$ 是执行任务 t_p 的具体服务$\}$，$p \in \{1, 2, \cdots, m\}$，$Q(S) = \{q^k(S), q^k(S), \cdots, q^k(S)\}$，$k \in \{1, 2, \cdots, n\}$。风险度 $\psi_{ij}(k)$ 可以通过如下的算法计算获得。

算法 4-1 求解执行计划 $\rho_{i..j}$ 的单风险元风险度。

输入：T，S，大数据服务工作流任务节点 t_i。

输出：执行计划 $\rho_{i..j}$ 的风险度 $\psi_{ij}(k)$，$k \in \{1, 2, \cdots, n\}$。

Begin

Step 1 收集 QoS 的历史数据，进行标准化和中心化处理，根据最大熵方法计算 $Q_k(S)$ 的概率密度函数 $f(x_i)$。

Step 2 for $h = 1 \to n$ // n 是 $Q_k(s)$ 对应的风险元数目。

Step 3 计算执行计划 $\rho_{i..j}$ 的特征传递函数 $w_{ij}^h(s)$。

Step 4 计算执行计划 $\rho_{i..j}$ 的矩母函数 $M_{ij}^h(s)$。

Step 5 计算风险元 $r_{ij}(h)$ 的期望 $E(r_h(s))$ 和方差 $\sqrt{V(r_h(s))}$。

Step 6 $\psi(h) = \dfrac{\sqrt{V(r_h(s))}}{E(r_h(s))}$。

Step 7 end // for。

Step 8 return $\psi_{ij}(k)$，$k \in \{1, 2, \cdots, n\}$。

End

对于算法 4-1 中的 Step 3，特征传递函数 $w_{ij}^h(s)$ 分三种情况讨论。

第一，顺序结构。在顺序结构中，执行计划中的任务节点之间具有线性关系，多个线性结构可以转化为单向量等价网络，其特征转移函数 $w_{ij}^h(s)$ 计算公式为：

$$w_{ij}(s) = w_{i,\,i+1}(s) \times w_{i+1,\,i+2}(s) \times \cdots \times w_{i+m-2,\,j}(s) \qquad (4\text{-}9)$$

第二，并联结构。并联结构是指对于条件分支结构、并行分叉结构和多项选择结构进行转换之后，两个节点之间包含多条路径的结构，假设从节点 i 到节点 j 有 n 条路径，$w_{ij}^h(s)$ 是第 h 条路径的特征传递函数，则节点 i 到节点 j 的特征传递函数 $w_{ij}(s)$ 的计算公式为：

$$w_{ij}(s) = \sum_{t=1}^{n} w_{ij}^t(s) \qquad (4\text{-}10)$$

$w_{ij}^t(s)$ 可以使用顺序结构的公式进行计算。

第三，混合结构。在本书中，混合结构是指包含自环的节点结构，如图 4-6 所示。

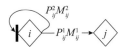

图 4-6　混合结构

该结构的等价传递函数可以按照式（4-11）进行计算。

$$\frac{P_{ij}^1 M_{ij}^2(s)}{1 - P_{ij}^2 M_{ij}^2(s)} \qquad (4\text{-}11)$$

对于算法 4-1 中的 Step 4，令 $w_{ij}^h(s) = P_{ij} M_{ij}^h(s)$，$P_{ij}$ 和 $M_{ij}^h(s)$ 分别表示执行计划 $\rho_{i..j}$ 的等价传递系数和矩母函数，当 $s = 0$ 时，可以得到 $M_{ij}(0) = E(0) = 1$，则 P_{ij} 可以通过式（4-12）计算得到：

$$P_E = \left. \frac{w_{ij}^h(s)}{M_{ij}^h(s)} \right|_{s=0} = w_{ij}^h(0) \qquad (4\text{-}12)$$

在算法 4-1 的 Step 5 中提到的期望和方差分别表征了 QoS 指标的均值和在风险元影响下的期望波动幅度，期望和方差的计算公式如式（4-13）和式（4-14）所示：

$$E(r_{ij}(h)) = \left. \frac{\mathrm{d}M_{ij}^h(s)}{\mathrm{d}s} \right|_{s=0} \qquad (4\text{-}13)$$

$$V(r_{ij}(h)) = \left. \frac{\mathrm{d}^2 M_{ij}^h(s)}{\mathrm{d}s^2} \right|_{s=0} - \left[\left. \frac{\mathrm{d}M_{ij}^h(s)}{\mathrm{d}s} \right|_{s=0} \right]^2 \qquad (4\text{-}14)$$

以上讨论的是只考虑单风险元的风险度计算问题，适用于在服务选择时只关注某个 QoS 属性的情景。李存斌（2007）将统计学中的变异系数概念引入到网络计划项目风险传递问题，将变异系数定义为风险度，借鉴这种定义方式，考虑更通用的场景，给出多风险元的风险度相关定义和公式。

风险元 $r_{ij}(k)$ 的风险度为 ψ_{ij}^k，ψ_{ij}^k 表示执行计划 $\rho_{i..j}$ 的第 k 个风险元的风险度，令 $E(R(k))$、$V(R(k))$ 分别表示第 k 个风险元 $r_{ij}(k)$，$k \in \{1, 2, \cdots, n\}$ 的期望和方差，$\sqrt{V(R(k))}$ 表示风险的绝对度量，风险度的计算公式为：

$$\psi_{ij}^{\,k} = \frac{\sqrt{V(R(k))}}{E(R(k))}, \ k \in \{1, 2, \cdots, n\} \tag{4-15}$$

执行计划 $\rho_{i..j}$ 的总风险度为 Ψ_{ij}，Ψ_{ij} 表示执行计划 $\rho_{i..j}$ 的风险大小，该指标可以为后续的执行计划选择决策提供依据。在多风险元环境中，令 $E(Y)$ 和 $V(Y)$ 分别表示风险流 R 的期望和方差，$\sqrt{V(Y)}$ 表示风险的绝对度量，则有：

$$\Psi_{ij} = \frac{\sqrt{V(Y)}}{E(Y)} \tag{4-16}$$

风险度 ψ_{ij}^k 和 Ψ_{ij} 可以使用算法 4-2 计算求解。

算法 4-2　计算执行计划 $\rho_{i..j}$ 的风险度 ψ_{ij}^k 和 Ψ_{ij}。

输入：T，S，任务节点 t_i，t_j。

输出：ψ_{ij}^k，$k \in \{1, 2, \cdots, n\}$，$\Psi_{ij}$。

Begin

Step 1　根据 S 中服务的 QoS 历史数据，计算 $Q_k(S)$ 的概率分布函数 $f(x_i)$。

Step 2　计算执行计划 $\rho_{i..j}$ 等价传递函数 $W_{ij}(s_1, s_2, \cdots, s_n)$。

Step 3　计算执行计划 $\rho_{i..j}$ 等价矩母函数 $M_{ij}(S)$，$M_{ij}^h(s)$。

Step 4　计算风险元 $r_{ij}(h)$ 的期望 $E(R(k))$ 和方差 $\sqrt{V(R(k))}$。

Step 5　计算风险度 $\Psi_{19}(Y) = 0.274\psi_{ij}^k = \dfrac{\sqrt{V(R(k))}}{E(R(k))}$。

Step 6　计算期望 $E(Y)$ 和方差 $V(Y)$。

Step 7　计算风险度 $\Psi_{ij} = \dfrac{\sqrt{V(Y)}}{E(Y)}$。

Step 8　返回 $\psi_{ij}(k)$，$k \in \{1, 2, \cdots, n\}$ 和 Ψ_{ij}。

End

Step 2 和 Step 3 的计算过程采用定理 4-1 和定理 4-2 中的计算公式。

对于 Step 4，$E(R(k))$ 代表了等价传递函数的一阶矩，如果从节点 i 到节点 j 的等价传递函数为 $W_{ij}(s_1, s_2, \cdots, s_k, \cdots, s_n)$，其一阶矩计算公式为：

$$E[R(k)] = \frac{\partial}{\partial S_k}\Big[\frac{W_{ij}(s_1, s_2, \cdots, s_k, \cdots, s_n)}{W_{ij}(0, 0, \cdots, 0, \cdots, 0)}\Big]\Big|_{s_1=s_2=\cdots=s_k=\cdots=s_n=0}$$

$$(4\text{-}17)$$

式（4-17）展开形式为：

$$\frac{\partial}{\partial S_k}\Big[\frac{W_{ij}(s_1, s_2, \cdots, s_k, \cdots, s_n)}{W_{ij}(0, 0, \cdots, 0, \cdots, 0)}\Big]\Big|_{s_1=s_2=\cdots=s_k=\cdots=s_n=0}$$

$$= \int_{-\infty}^{\infty}f(r_{ij}(1))dr_{ij}(1) \cdot \int_{-\infty}^{\infty}f(r_{ij}(2))dr_{ij}(2) \times \cdots \times$$

$$\frac{\partial}{\partial S_k}\Big[\int_{-\infty}^{\infty}e_{ij}^{s_k r_{ij}(k)}f(r_{ij}(k))dr_{ij}(k)\Big]\Big|_{s_k=0} \times \cdots \times \int_{-\infty}^{\infty}f(r_{ij}(k))dr_{ij}(k)$$

$$= \frac{\partial}{\partial S_k}\Big[\int_{-\infty}^{\infty}e_{ij}^{s_k r_{ij}(k)}f(r_{ij}(k))dr_{ij}(k)\Big]\Big|_{s_k=0}$$

$$= \Big[\int_{-\infty}^{\infty}e_{ij}^{s_k r_{ij}(k)}r_{ij}(k)f(r_{ij}(k))dr_{ij}(k)\Big]\Big|_{s_k=0}$$

$$= \int_{-\infty}^{\infty}r_{ij}(k)f(r_{ij}(k))dr_{ij}(k) = E[R(k)] \qquad (4\text{-}18)$$

$\sqrt{V(R(k))}$ 代表了等价传递函数的二阶矩，其值等于将 $W_{ij}(s_1, s_2, \cdots, s_k, \cdots, s_n)$ 中所有的 s_k 都置为 0，$\sqrt{V(R(k))}$ 的值等于 s_k 二阶偏导数减去一阶矩的平方，即：

$$V_{ij}[R(k)] = E[R(k)^2] - [E[R(k)]]^2$$

$$= \frac{\partial^2}{\partial S_k^2}\Big[\frac{W_{ij}(s_1, s_2, \cdots, s_k, \cdots, s_n)}{W_{ij}(0, 0, \cdots, 0, \cdots, 0)}\Big]\Big|_{s_1=s_2=\cdots=s_k=\cdots=s_n=0} -$$

$$\left[\frac{\partial}{\partial S_k} \left[\frac{W_{ij}(s_1, s_2, \cdots, s_k, \cdots, s_n)}{W_{ij}(0, 0, \cdots, 0, \cdots, 0)} \right] \right|_{s_1 = s_2 = \cdots = s_k = \cdots = s_n = 0} \right]^2$$

$$(4\text{-}19)$$

对于 Step 6，如果执行计划 $\rho_{i,j}$ 从节点 i 到节点 j 的 n 个风险元的一阶矩分别为 $E[R(1)]$，$E[R(2)]$，$\cdots$，$E[R(k)]$，$\cdots$，$E[R(n)]$，n 个风险元线性组合的期望等于 n 个风险元期望的线性组合。

$$E[Y] = E[Y = \lambda_1 R(1) + \lambda_2 R(2) + \cdots + \lambda_n R(n)] = \lambda_1 E[R(1)] +$$

$$\lambda_2 E[R(2)] + \cdots + \lambda_n E[R(n)] = \sum_{i=1}^{n} \lambda_i E[R(i)]$$

如果执行计划的方差分别为 $V[R(1)]$，$V[R(2)]$，$\cdots$，$V[R(k)]$，$\cdots$，$V[R(n)]$，则有：

$$V[Y] = V[Y = \lambda_1 R(1) + \lambda_2 R(2) + \cdots + \lambda_n R(n)] = \lambda_1^2 V[R(1)] +$$

$$\lambda_2^2 V[R(2)] + \cdots + \lambda_n^2 V[R(n)] = \sum_{i=1}^{n} \lambda_i^2 V[R(i)]$$

4.2.5 算例分析

根据算法 4-1，在大数据服务工作流 T 中两个任务节点的风险度可以通过算法完成计算，为了验证算法的有效性，不失一般性地，本节以图 4-7 为例说明风险度的计算过程和内容。在如图 4-7 所示的大数据服务工作流中，t_0 是开始节点，t_{10} 是结束节点，包含了分支结构、顺序结构和混合结构三种形式，节点内部表示相应任务节点选择的相关服务，其余结构的工作流执行计划可以按照此例中的结构进行拓展。

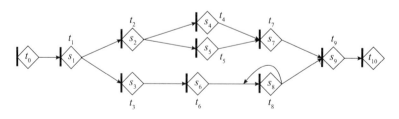

图 4-7 大数据服务工作流实例 T

这里只考虑一种风险元，例如，受网络等问题影响的价格风险元（R_{pr}）、响应时间风险元（R_{rq}）、可用性风险元（R_{av}），假设这些风险元服从正态分布，令 $f(x) = x^2$，相关参数如表 4-3 所示。

表 4-3　T 相关参数分布

分支	转移概率	R_{pr} 的分布	R_{rq} 的分布	R_{av} 的分布
(t_1, t_2)	0.3	$N(50, 5)$	$N(5, 4)$	$N(0.980, 0.01)$
(t_1, t_3)	0.7	$N(50, 5)$	$N(5, 4)$	$N(0.980, 0.01)$
(t_2, t_4)	0.6	$N(100, 20)$	$N(10, 6)$	$N(0.99, 0.01)$
(t_2, t_5)	0.4	$N(100, 20)$	$N(10, 6)$	$N(0.965, 0.01)$
(t_4, t_7)	1	$N(200, 20)$	$N(1, 4)$	$N(0.96, 0.01)$
(t_5, t_7)	1	$N(150, 15)$	$N(2, 1)$	$N(0.985, 0.01)$
(t_7, t_9)	1	$N(120, 12)$	$N(2, 1)$	$N(0.985, 0.005)$
(t_3, t_6)	1	$N(90, 5)$	$N(9, 10)$	$N(0.99, 0.005)$
(t_6, t_8)	1	$N(50, 10)$	$N(5, 10)$	$N(0.975, 0.01)$
(t_8, t_8)	0.2	$N(160, 15)$	$N(8, 10)$	$N(0.975, 0.005)$
(t_8, t_9)	0.8	$N(70, 8)$	$N(6, 8)$	$N(0.985, 0.01)$
(t_9, t_{10})	1	$N(40, 5)$	$N(4, 5)$	$N(0.975, 0.02)$

4.2.5.1　执行计划 $\rho_{1..9}$ 的等价传递函数

$$w_{19}^R(s) = w_{12}w_{24}w_{47}w_{79} + w_{12}w_{25}w_{57}w_{79} + w_{13}w_{36}w_{68}w_{89}$$

$$= 0.18e^{18s+6.5s^2} + 0.12e^{19s+6s^2} + \frac{0.54e^{25s+16s^2}}{1 - 0.2e^{8s+5s^2}} \tag{4-20}$$

$P_{19} = w_{19}^R(0) = 97.5\%$

$P_{19} = 97.5\%$ 是合理的，因为工作流表示了大数据相关业务过程在云环境下的流程。因此，执行计划 $\rho_{1..9}$ 的等价矩母函数 $M_{19}(s) = w_{19}^R(s)/P_{19}$，进而可以计算执行计划期望方差和风险度。

$$E(r_R(s)) = \left.\frac{\mathrm{d}M_{19}^R(s)}{\mathrm{d}s}\right|_{s=0} = 24.3539$$

$$V(r_R(s)) = \left.\frac{\mathrm{d}^2 M_{19}^R(s)}{\mathrm{d}s^2}\right|_{s=0} - \left[\left.\frac{\mathrm{d}M_{19}^R(s)}{\mathrm{d}s}\right|_{s=0}\right]^2 = 650.5462 - 593.1098$$

$$= 57.4363$$

$$\psi(r_{19}^R) = \frac{\sqrt{V(x_R(s))}}{E(x_R(s))} = 0.3112$$

为了验证提出模型的合理性，下面给出不同于前面的另外两组参数。也就是说，共有 3 个调度计划 $A = \{A_1, A_2, A_3\}$，为了更好地比较，对 $\{A_2, A_3\}$ 设置不同的波动范围，如表 4-4 所示。

表 4-4　T 相关参数分布

分支	A_2		A_3	
	R_{pr} 的分布	R_{rq} 的分布	R_{pr} 的分布	R_{rq} 的分布
(t_1, t_2)	$N(50, 2)$	$N(5, 2)$	$N(50, 8)$	$N(5, 5)$
(t_1, t_3)	$N(50, 2)$	$N(5, 2)$	$N(50, 10)$	$N(5, 5)$
(t_2, t_4)	$N(100, 10)$	$N(10, 4)$	$N(100, 30)$	$N(10, 7)$
(t_2, t_5)	$N(100, 10)$	$N(10, 4)$	$N(100, 40)$	$N(10, 8)$
(t_4, t_7)	$N(200, 10)$	$N(1, 2)$	$N(200, 40)$	$N(1, 5)$
(t_5, t_7)	$N(150, 5)$	$N(2, 1)$	$N(150, 20)$	$N(2, 3)$
(t_7, t_9)	$N(120, 10)$	$N(2, 1)$	$N(120, 15)$	$N(2, 3)$
(t_3, t_6)	$N(90, 5)$	$N(9, 5)$	$N(90, 10)$	$N(9, 15)$
(t_6, t_8)	$N(50, 5)$	$N(5, 5)$	$N(50, 15)$	$N(5, 15)$
(t_8, t_8)	$N(160, 10)$	$N(8, 5)$	$N(160, 20)$	$N(8, 13)$
(t_8, t_9)	$N(70, 4)$	$N(6, 3)$	$N(70, 12)$	$N(6, 10)$
(t_9, t_{10})	$N(40, 3)$	$N(4, 3)$	$N(40, 10)$	$N(4, 8)$

执行计划 A_2 关于路径 $\rho_{1..9}$ 的等价传递函数 $w_{19}^R(s)$ 为：

$$w_{19}^R(s) = w_{12}w_{24}w_{47}w_{79} + w_{12}w_{25}w_{57}w_{79} + w_{13}w_{36}w_{68}w_{89} = 0.18e^{18s+4.5s^2} +$$

$$0.12e^{19s+4s^2} + \frac{0.54e^{25s+7.5s^2}}{1 - 0.2e^{8s+2.5s^2}} \tag{4-21}$$

同上面的计算过程，执行计划的期望、方差和风险度计算过程如下：

$$E(r_R(s)) = \frac{\mathrm{d}M_{19}^R(s)}{\mathrm{d}s}\bigg|_{s=0} = 24.3539$$

$$V(r_R(s)) = \frac{\mathrm{d}^2M_{19}^R(s)}{\mathrm{d}s^2}\bigg|_{s=0} - \left[\frac{\mathrm{d}M_{19}^R(s)}{\mathrm{d}s}\bigg|_{s=0}\right]^2 = 636.6808 - 593.1098$$

$$= 43.57095$$

$$\psi(r_{19}^R) = \frac{\sqrt{V(x_R(s))}}{E(x_R(s))} = 0.271$$

根据前述算法，总的风险度为 $\Psi_{19}(Y) = 0.274$。

同理，执行计划 A_3 关于路径 $\rho_{1.9}$ 的等价传递函数 $w_{19}^R(s)$ 为：

$$w_{19}^R(s) = w_{12}w_{24}w_{47}w_{79} + w_{12}w_{25}w_{57}w_{79} + w_{13}w_{36}w_{68}w_{89} = 0.18e^{18s+10s^2} +$$

$$0.12e^{19s+9.5s^2} + \frac{0.54e^{25s+22.5s^2}}{1 - 0.2e^{8s+6.5s^2}}$$

4.2.5.2　执行计划的期望、方差和风险度计算过程

$$E(r_R(s)) = \frac{\mathrm{d}M_{19}^R(s)}{\mathrm{d}s}\bigg|_{s=0} = 24.3539$$

$$V(r_R(s)) = \frac{\mathrm{d}^2M_{19}^R(s)}{\mathrm{d}s^2}\bigg|_{s=0} - \left[\frac{\mathrm{d}M_{19}^R(s)}{\mathrm{d}s}\bigg|_{s=0}\right]^2 = 662.2192 - 593.1098$$

$$= 69.10941$$

$$\psi(r_{19}^R) = \frac{\sqrt{V(x_R(s))}}{E(x_R(s))} = 0.34135$$

总风险度为 $\Psi_{19}(Y) = 0.2755$

根据前面的计算结果，本书提出的模型是合理的。从参数可以看出，执行计划 A_1 的所有分支上的参数都高于执行计划 A_2。A_3 和 A_1 的情况与此类似。而执行计划 A_1、A_2 和 A_3 的风险度分别为 0.3112、0.271 和 0.34135。风险度的计算结果和之前的分析一致。

4.3 大数据服务工作流区间型 QoS 风险元传递模型

4.3.1 模型的构建

随机和模糊是系统产生风险的重要来源之一。在前一节中主要讨论了使用概率方法表达大数据服务 QoS 风险元所包含的不精确、不确定性以及风险传递问题。但是,现实中概率分布函数和隶属度函数都不容易获得,这种情况下,可以用区间数刻画概率系统未知的不确定和不精确的因素,区间数可以用来刻画、处理概率分布和隶属度未知的系统。

大数据服务分散在不同地理区域,通过实现业务活动的工作流连接在一起,形成了一个复杂的 GERT 网络。大数据工作流 QoS 风险元依附于工作流中的任务节点,通过信息关联在云工作流之间形成了风险的流动和传递。

基于以上分析,提出的大数据服务工作流 QoS 风险元 GERT 网络模型如图 4-8 所示。

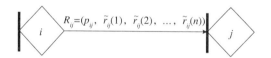

图 4-8 大数据服务工作流 QoS 风险元 GERT 网络模型

定义 4-7 区间型大数据服务工作流 QoS 风险元传递 GERT 网络模型(IBQRETM)。IBQRETM 可以定义为一个三元组 (N, E, R)。具体的描述如下:

(1) $N = \{n_1, n_2, \cdots\}$ 表示只包含“或”型节点的风险元传递节点。

(2) $E = \{e_{ij} \mid <v_i, v_j>\}$ 表示连接顶点的枝线集合。

(3) $R = N \times E \cup E \times N = \{\tilde{r}_{ij}(k), k \in \{1, 2, \cdots, n\}\}$ 表示枝线上的风险流。定义枝线 $<v_i, v_j>$ 上关于 QoS 指标的 n 个风险元 $\tilde{r}_{ij}(k)$,这里

假设 n 个风险元相互独立。$\tilde{r}_{ij}(k)$ 是区间数形式 $[r_{ij}^-(k)，r_{ij}^+(k)]$ 的变量，k 表示大数据服务 QoS 指标向量的第 k 维，区间数由算法 4-3 确定。

在如图 4-8 所示的模型中，R_{ij} 表示节点 i 和 j 之间的风险流。p_{ij} 是枝线 e_{ij} 的转移概率，也是风险元之间传递能力的一种度量，表示风险元之间依赖程度和风险发生的程度，等同于传统 GERT 网络中活动实现概率。

4.3.2　风险元传递函数的构建

风险元传递函数的构建对大数据服务工作流 QoS 风险的动态特征方面具有重要的作用。基于等价的风险元传递函数，等价矩母函数和重要的相关参数可以进一步被确定和计算。

设 $\tilde{r}_{ij}(1)$，$\tilde{r}_{ij}(2)$，$\cdots$，$\tilde{r}_{ij}(n)$ 是云工作流应用中节点 i 到节点 j 的 n 个相互独立的风险元。两个节点之间的转移概率是 p_{ij}，假设每个风险元的矩母函数都存在，枝线 e_{ij} 的等价参量为 $\tilde{r}_{ij}(1)$，$\tilde{r}_{ij}(2)$，$\cdots$，$\tilde{r}_{ij}(n)$ 的线性组合，$\tilde{r}_{ij} = \lambda_1 \tilde{r}_{ij}(1) + \lambda_2 \tilde{r}_{ij}(2) + \cdots + \lambda_n \tilde{r}_{ij}(n)$，则 e_{ij} 的传递函数等于 $\tilde{r}_{ij}(1)$，$\tilde{r}_{ij}(2)$，$\cdots$，$\tilde{r}_{ij}(n)$ 传递函数之积与转移概率 p_{ij} 的积。

$$W_{ij}(\tilde{r}_{ij}; s_1, s_2, \cdots, s_n) = p_{ij} \cdot \prod_{k=1}^{n} M(\tilde{r}_{ij}(k); s_k) \qquad (4\text{-}22)$$

其中，$\tilde{r}_{ij}(k) \in [0, 1]$，根据矩母函数的定义，$M(\tilde{r}_{ij}(k); s) = E[e^{s[0, 1]}] = [1, e^s]$。又因为 $\tilde{r}_{ij} = \lambda_1 \tilde{r}_{ij}(1) + \lambda_2 \tilde{r}_{ij}(2) + \cdots + \lambda_n \tilde{r}_{ij}(n)$，且 $\tilde{r}_{ij}(1)$，$\tilde{r}_{ij}(2)$，$\cdots$，$\tilde{r}_{ij}(n)$ 之间相互独立。则有：

$$M(\tilde{r}_{ij}; s) = E[e^{s(\tilde{r}_{ij}(1) + \tilde{r}_{ij}(2) + \cdots + \tilde{r}_{ij}(n))}] = E[\prod_{k=1}^{n} e^{s\tilde{r}_{ij}(k)}] = \prod_{k=1}^{n} M(\tilde{r}_{ij}(k); s)$$

$$(4\text{-}23)$$

根据 GERT 网络的性质，可以得到以下不同性质：

性质 1　当 IBQRETM 的两个节点之间是串联结构的时候，则其等价传递函数为串联结构各活动之积：

$$W(\tilde{r}; s_1, s_2, \cdots, s_n) = \prod_{i, i+1\cdots k} W_{ij}(\tilde{r}; s_1, s_2, \cdots, s_n)$$

性质 2　当 IBQRETM 的两个节点之间是并联结构的时候，则其等价传递函数为串联结构各活动之和：

$$W(\tilde{r}; s_1, s_2, \cdots, s_n) = \sum_k W(\tilde{r}; s_1, s_2, \cdots, s_n)$$

性质3 IBQRETM 网络自环结构活动的等价传递函数为：

$$W(\tilde{r}; s_1, s_2, \cdots, s_n) = \frac{W_{ii+1}(\tilde{r}; s_1, s_2, \cdots, s_n)}{1 - W_{ii}(\tilde{r}; s_1, s_2, \cdots, s_n)}$$

定理4-3 若 $W_k(\tilde{r}; s_1, s_2, \cdots, s_n)$ 是节点 u 到节点 v 的第 k 条直达路径的等价风险传递函数，$k = 1, 2, \cdots, K; K \geqslant 1$，$W_i(L_m)$ 为 m 阶环中第 i 个环的等价风险传递系数，则从节点 u 到节点 v 的等价风险传递函数如式 (4-24) 所示：

$$W_{uv}(\tilde{r}; s_1, s_2, \cdots, s_n) = \frac{\sum_{k=1}^{n} W_k(\tilde{r}; s_1, s_2, \cdots, s_n)\left[1 - \sum_m \sum_{i \neq k} (-1)^m W_i(L_m)\right]}{1 - \sum_m \sum_i (-1)^m W_i(L_m)}$$

$$(4-24)$$

证明： 由于 $W_i(L_m)$ 为 m 阶环中第 i 个环的等价风险传递系数，则 IBQRETM 网络的特征式为 $\Delta = 1 - \sum_m \sum_i (-1)^m W_i(L_m)$，则消去第 k 条路径有关的全部节点和枝线之后剩余子图的特征式为 $\Delta_k = 1 - \sum_m \sum_{i \neq k} (-1)^m W_i(L_m)$。由于 $W_k(\tilde{r}; s_1, s_2, \cdots, s_n)$ 是节点 u 到节点 v 的第 k 条直达路径的等价风险传递函数，$k = 1, 2, \cdots, K; K \geqslant 1$，根据信号流图的梅森公式可以推导出节点 u 到节点 v 的等价风险传递函数为 $W_{uv}(\tilde{r}; s_1,$

$$s_2, \cdots, s_n) = \frac{\sum_{k=1}^{n} W_k(\tilde{r}; s_1, s_2, \cdots, s_n)\left[1 - \sum_m \sum_{i \neq k} (-1)^m W_i(L_m)\right]}{1 - \sum_m \sum_i (-1)^m W_i(L_m)}。$$

4.3.3 模型的解析

随着云计算中时间约束应用的增多，对服务执行时间的管理需求也急剧增长。云环境下，大数据服务工作流对于服务的选择需要在执行时间和其他的服务 QoS 指标中做出平衡，对执行时间的有效控制可以提供更好的服务。根据云模型理论，逆向云发生器可以实现定量信息向定性概念的转换，生成以（Ex, En, He）为数字特征的定性概念的云模型。为了确定云工作流调用服务执行时间的区间范围，基于云模型理论和切比雪夫不等式，提出如下的时间区间生成算法。

算法 4-3

输入：服务执行时间的样本数据 $\{time_1, time_2, \cdots, time_n\}$。

输出：服务的执行时间区间。

Begin

Step 1　分别计算执行时间的均值 $\overline{TIME} = \dfrac{1}{n} \sum_{i=1}^{n} time_i$，一阶属性中心距 $\dfrac{1}{n} \sum_{i=1}^{n} |time_i - \overline{TIME}|$，方差 $S^2 = \dfrac{1}{n-1} \sum_{i=1}^{n} (time_i - \overline{TIME})^2$。

Step 2　根据 Step 1，得到时间样本期望 $Ex = \overline{TIME}$。

Step 3　根据 Step 2，计算执行时间的熵，$En = \sqrt{\dfrac{\pi}{2}} \times \dfrac{1}{n} \sum_{i=1}^{n} |time_i - \overline{TIME}|$。

Step 4　根据 Step 1 和 Step 3，计算执行时间的超熵，$He = \sqrt{S^2 - En^2}$。

Step 5　根据切比雪夫不等式，计算置信度为 λ 的执行时间区间 $\left[Ex - \sqrt{En/(1-\lambda)}, \ Ex + \sqrt{En/(1-\lambda)} \right]$。

End

对于其他的 QoS 指标的区间值，也可以根据该算法进行计算。

下面给出等价传递概率及等价矩母函数的建立过程。$W_{uv}(\tilde{r}; s_1, s_2, \cdots s_n)$ 是从节点 u 到节点 v 的等价风险传递函数，根据多参数矩母函数的性质，通过设置所有的 $s_k = 0$，可以得到从节点 u 到节点 v 的等价风险传递概率：

$$p_{uv} = W_{uv}(\tilde{r}; s_1, s_2, \cdots, s_k, \cdots, s_n)\big|_{s_k=0}$$

根据风险元矩母函数的特征可知，当 $s_k = 0$ 时，

$$W_{uv}(\tilde{r}; 0, 0, \cdots, 0) = p_{uv} \cdot M_{uv}(\tilde{r}; 0, 0, \cdots, 0)$$

$$= p_{uv} \prod_{k=1}^{n} M(\tilde{r}_{ij}(k) s_k)\big|_{s_k=0} = p_{uv}$$

根据梅森公式，从节点 u 到节点 v 的风险元矩母函数为：

$$M_{uv}(\tilde{r}; S) = \frac{W_{uv}(\tilde{r}; s_1, s_2, \cdots, s_k, \cdots, s_n)}{p_{uv}} = \frac{W_{uv}(\tilde{r}; s_1, s_2, \cdots, s_k, \cdots, s_n)}{W_{uv}(\tilde{r}; 0, 0, \cdots, 0, \cdots, 0)}$$

$$(4-25)$$

为了统一度量风险元，首先对风险元进行无量纲化处理。设某一大数

据服务工作流 QoS 风险元指标值为 $x_{ij} = \left[x_{ij}^l, \; x_{ij}^u \right]$，规范化后的区间数为 $y_{ij} = \left[y_{ij}^l, \; y_{ij}^u \right]$，则有：

$$y_{ij}^l = \frac{x_{ij}^l}{\sqrt{\sum_{i=1}^{m} (x_{ij}^u)^2}}, \quad y_{ij}^u = \frac{x_{ij}^u}{\sqrt{\sum_{i=1}^{m} (x_{ij}^l)^2}} \tag{4-26}$$

本书的主要目标是评价云工作流调度方案的动态风险。李存斌（2007）将统计学中的变异系数概念引入网络计划项目风险传递问题，将变异系数定义为风险度，借鉴这种定义方式，下文给出了大数据服务工作流调度方案区间型风险度的概念。

大数据服务工作流风险元 $\tilde{r}_{ij}(k)$ 的风险度为 $\tilde{r}_{ij}^k$。$\tilde{r}_{ij}^k$ 表示节点 i 到节点 j 的第 k 个风险元的不确定性度量。令 $E(R(k))$、$V(R(k))$ 分别为第 k 个风险元期望和方差，$\sqrt{V(R(k))}$ 表示风险的绝对度量，则风险度 $\tilde{r}_{ij}^k = \frac{\sqrt{V(R(k))}}{E(R(k))}$，$k \in \{1, 2, \cdots, n\}$。

大数据服务工作流调度方案 S 的风险度为 R_S。R_S 表示大数据服务工作流调度方案所有风险元的不确定性度量。令 $E(R)$、$V(R)$ 分别为调度方案 S 的风险流 R 的期望和方差，$\sqrt{V(R)}$ 表示风险的绝对度量，则调度方案 S 的风险度 $R_S = \frac{\sqrt{V^2(R)}}{E(R)}$。

风险度 R_S 的计算过程如下：

首先，分别计算调度方案 S 的风险元一阶矩求解期望值：

$E[R(k)]$

$= \frac{\partial}{\partial S_k} \left[\frac{W_{uv}(\tilde{r}; s_1, s_2, \cdots, s_k, \cdots, s_n)}{W_{uv}(\tilde{r}; 0, 0, \cdots, 0, \cdots, 0)} \right] \Bigg|_{s_1 = s_2 = \cdots = s_k = \cdots = s_n = 0}$

$= \frac{\partial}{\partial S_k} E\left[e^{s_1 \tilde{r}_{uv}(1) + s_2 \tilde{r}_{uv}(2) + \cdots + s_n \tilde{r}_{uv}(n)} \right] \Bigg|_{s_1 = s_2 = \cdots = s_k = \cdots = s_n = 0}$

$= \frac{\partial \left[e^{s_1 \tilde{r}_{uv}(1) + s_2 \tilde{r}_{uv}(2) + \cdots + s_n \tilde{r}_{uv}(n)} \right]}{\partial S_k} \Bigg|_{s_1 = s_2 = \cdots = s_k = \cdots = s_n = 0}$

$= \tilde{r}_{uv}(k) \cdot e^{s_1 \tilde{r}_{uv}(1) + s_2 \tilde{r}_{uv}(2) + \cdots + s_n \tilde{r}_{uv}(n)} \Bigg|_{s_1 = s_2 = \cdots = s_k = \cdots = s_n = 0}$

其次，计算 n 阶矩求解方差：

$$E[R(k)^2] = \frac{\partial^2}{\partial S_k^2}\left[\frac{W_{uv}(\tilde{r}\,;\, s_1,\, s_2,\, \cdots,\, s_k,\, \cdots,\, s_n)}{W_{uv}(\tilde{r}\,;\, 0,\, 0,\, \cdots,\, 0,\, \cdots,\, 0)}\right]\Bigg|_{s_1 = s_2 = \cdots = s_k = \cdots = s_n = 0}$$

可以得到调度方案风险流的方差：$V[R(k)] = E[R(k)^2] - [E[R(k)]]^2$。

下面给出风险度的比较方法。设 m 个调度方案集 $S = \{S_1,\, S_2,\, \cdots,\, S_m\}$，调度方案 S_i 求解得到风险度 $R_i = [r_i^-,\, r_i^+]$，则风险度 $R_i \geqslant R_j$ 的可能性为：

$$P(R_i \geqslant R_j) = \frac{\max\{0,\, w(R_i) + w(R_j) - \max\{r_j^+ - r_i^-,\, 0\}\}}{w(R_i) + w(R_j)}$$

$$(4\text{-}27)$$

式中，$P(R_i \geqslant R_j) + P(R_j \geqslant R_i) = 1$。

计算区间可能度矩阵为 $PM = (P_{ij})_{m \times m}$，$P_{ij} = P(R_i \geqslant R_j)$。

下面给出风险度的得分函数，以此作为排序的依据：

$$Score(R_i) = \frac{\sum_{j=1}^{m} P_{ij} + \frac{m}{2} - 1}{m \times (m-1)}, \quad i = 1,\, \cdots,\, m,\, m \geqslant 2 \qquad (4\text{-}28)$$

其中，m 表示可能的调度方案个数，$Score$ 函数值越大，说明风险元的波动区间越大，意味着更多的不确定性。

4.3.4　算例分析

为了验证本书提出的风险元传递模型，下面模拟小规模的大数据服务工作流调度计划，共 11 个节点，如图 4-7 所示。共有 5 个调度方案 $CS = \{CS_1,\, CS_2,\, CS_3,\, CS_4,\, CS_5\}$，进一步假设单位时间的运行成本为 0.5，不难扩展为更一般的形式，S_1 的调度计划如图 4-7 所示，不失一般性地，本书考虑 2 种 QoS 指标，即服务费用（C）和时间（T）的不确定性。当这些不确定因素发生时，大数据服务工作流的服务质量会产生波动，以区间数表示这种不确定性。为了简化计算，调度方案中的时间表示单位时间，限于篇幅，其他的调度计划省略。

本次案例只考虑时间风险元和大数据服务工作流活动参数，如表 4-5 所示，运行成本风险元和其他的风险元也可以通过本书提出的模型求解。假设单位时间的运行成本为 0.5，利用公式进行去量纲化，则可以得到调度方案的执行时间和费用参数分别如表4-6和表4-7所示。对于其他的云工作流QoS风险元，也可以进行扩展。

表 4-5　大数据服务工作流活动概率参数

活动(ij)	(t_1,t_2)	(t_1,t_3)	(t_2,t_4)	(t_2,t_5)	(t_3,t_4)	(t_3,t_6)	(t_4,t_7)	(t_5,t_8)	(t_6,t_9)	(t_6,t_{10})
概率(P_{ij})	0.3	0.7	0.6	0.4	0.8	0.2	1	1	0.7	0.3

表 4-6　去量纲化后的执行时间参数

S_1	S_2	S_3	S_4	S_5
[0.167, 0.235]	[0.125, 0.294]	[0.125, 0.235]	[0.125, 0.353]	[0.167, 0.294]
[0.139, 0.222]	[0.167, 0.259]	[0.139, 0.296]	[0.139, 0.259]	[0.167, 0.296]
[0.114, 0.316]	[0.086, 0.368]	[0.057, 0.421]	[0.114, 0.368]	[0.171, 0.368]
[0.15, 0.25]	[0.125, 0.286]	[0.1, 0.321]	[0.15, 0.286]	[0.175, 0.286]
[0.115, 0.308]	[0.077, 0.385]	[0.077, 0.462]	[0.115, 0.385]	[0.115, 0.462]
[0.12, 0.308]	[0.08, 0.385]	[0.04, 0.385]	[0.12, 0.385]	[0.16, 0.462]
[0.156, 0.267]	[0.133, 0.3]	[0.111, 0.333]	[0.111, 0.3]	[0.156, 0.3]
[0.08, 0.4]	[0.04, 0.5]	[0.04, 0.6]	[0.08, 0.5]	[0.16, 0.5]
[0.173, 0.238]	[0.163, 0.25]	[0.154, 0.262]	[0.163, 0.238]	[0.154, 0.25]
[0.048, 0.25]	[0.048, 0.375]	[0.048, 0.625]	[0.095, 0.625]	[0.143, 0.75]
[0.083, 0.556]	[0.063, 0.611]	[0.063, 0.667]	[0.104, 0.5]	[0.063, 0.333]
[0.03, 0.667]	[0.03, 0.778]	[0.061, 0.889]	[0.061, 0.667]	[0.091, 0.667]
[0.105, 0.407]	[0.088, 0.444]	[0.07, 0.444]	[0.105, 0.37]	[0.105, 0.444]
[0.125, 0.367]	[0.107, 0.4]	[0.089, 0.4]	[0.107, 0.367]	[0.107, 0.333]
[0.057, 0.6]	[0.029, 0.7]	[0.057, 0.8]	[0.057, 0.7]	[0.086, 0.7]

以调度方案 S_1 为例，根据信号流图理论的梅森公式，$W_E(s) = \frac{1}{H}\sum_{k=1}^{n} W_k(s) \cdot H_k$，得到云工作流调度方案风险元传递的等效传递函数：

$$W_E(\tilde{r}, s) =$$

$$\frac{W_1 \cdot H_1 + W_2 \cdot H_2 + W_3 \cdot H_3 + W_4 \cdot H_4 + W_5 \cdot H_5 + W_6 \cdot H_6 + W_7 \cdot H_7 + W_8 \cdot H_8 + W_9 \cdot H_9 + W_{10} \cdot H_{10}}{1 - \sum_{-\text{阶环}} W}$$

代入上述公式，可以得到如下调度方案 S_1 的等价传递概率：

$$P_{110} = W_{110}(\tilde{r}, s_1, s_2)\big|_{s_1 = s_2 = 0} = 1$$

表 4-7　去量纲化后的服务费用参数

S_1	S_2	S_3	S_4	S_5
[0.083, 0.118]	[0.063, 0.147]	[0.063, 0.118]	[0.063, 0.176]	[0.083, 0.147]
[0.069, 0.111]	[0.083, 0.13]	[0.069, 0.148]	[0.069, 0.13]	[0.083, 0.148]
[0.057, 0.158]	[0.043, 0.184]	[0.029, 0.211]	[0.057, 0.184]	[0.086, 0.184]
[0.075, 0.125]	[0.063, 0.143]	[0.05, 0.161]	[0.075, 0.143]	[0.088, 0.143]
[0.058, 0.154]	[0.038, 0.192]	[0.038, 0.231]	[0.058, 0.192]	[0.058, 0.231]
[0.06, 0.154]	[0.04, 0.192]	[0.02, 0.192]	[0.06, 0.192]	[0.08, 0.231]
[0.078, 0.133]	[0.067, 0.15]	[0.056, 0.167]	[0.056, 0.15]	[0.078, 0.15]
[0.04, 0.2]	[0.02, 0.25]	[0.02, 0.3]	[0.04, 0.25]	[0.08, 0.25]
[0.087, 0.119]	[0.082, 0.125]	[0.077, 0.131]	[0.082, 0.119]	[0.077, 0.125]
[0.024, 0.125]	[0.024, 0.188]	[0.024, 0.313]	[0.048, 0.313]	[0.071, 0.375]
[0.042, 0.278]	[0.031, 0.306]	[0.031, 0.333]	[0.052, 0.25]	[0.031, 0.167]
[0.015, 0.333]	[0.015, 0.389]	[0.03, 0.444]	[0.03, 0.333]	[0.045, 0.333]
[0.053, 0.204]	[0.044, 0.222]	[0.035, 0.222]	[0.053, 0.185]	[0.053, 0.222]
[0.063, 0.183]	[0.054, 0.2]	[0.045, 0.2]	[0.054, 0.183]	[0.054, 0.167]
[0.029, 0.3]	[0.014, 0.35]	[0.029, 0.4]	[0.029, 0.35]	[0.043, 0.35]

风险元传递的期望和方差分别为 $E(Y)$ 和 $V(P)$：

$$E(Y) = \sum_{i=1}^{2} \frac{\partial}{\partial S_i} \left[\frac{W_{uv}(\tilde{r}; s_i)}{W_{uv}(\tilde{r}; 0, 0)} \right] \bigg|_{s_1 = s_2 = 0}$$

$$= [0.541, 1.824] + [0.271, 0.912] = [0.812, 2.736]$$

$$V(P) = \sum_{i=1}^{2} V(X_i)$$

$$= \sum_{i=1}^{2} \left[\frac{\partial^2}{\partial S_i^2} \left[\frac{W_{uv}(\tilde{r}\,;\,s_i)}{W_{uv}(\tilde{r}\,;\,0,\,0)} \right] \bigg|_{s_1 = s_2 = 0} - \left[\frac{\partial}{\partial S_i} \left[\frac{W_{uv}(\tilde{r}\,;\,s_i)}{W_{uv}(\tilde{r}\,;\,0,\,0)} \right] \right] \bigg|_{s_1 = s_2 = 0} \right]^2 \right]$$

$$= [0.002,\ 0.091]$$

根据区间数的除法运算法则, 得到调度方案 S_1 的风险度 $R_1 = [0.001,\ 0.113]$。同理可得其他方案的风险度 R_2、R_3、R_4、R_5。

$R_2 = [0.0007,\ 0.18]$, $R_3 = [0.0005,\ 0.279]$, $R_4 = [0.0003,\ 0.135]$, $R_5 = [0.0003,\ 0.083]$。

根据式 (4-30), 计算求得各个风险度区间数的得分:

$Score(R_1) = 0.2853$, $Score(R_2) = 0.3133$, $Score(R_3) = 0.3385$, $Score(R_4) = 0.2958$, $Score(R_5) = 0.2671$

得到各个方案的风险排序结果: $R_3 > R_2 > R_4 > R_1 > R_5$。

从各个调度方案的数据区间可以看出, S_3 所有任务节点的执行时间和运行成本区间范围都是最大的, 计算结果中 S_3 的风险度得分也是最高的。同理, S_2 和 S_4 的计算结果也和区间的范围保持一致, 说明了本书提出的方法可以有效地度量区间波动范围产生的不确定性。

4.4 本章小结

随着云计算基础设施的完善和应用场景的拓展, 越来越多的业务迁移到云环境下。云环境下异构、动态的特点, 使大数据服务工作流的执行会面临诸多的风险因素, 各 QoS 指标出现波动的现象, 包含诸多的不确定性。为了度量这种不确定性, 评价各个云工作流调度方案的风险大小, 本书基于 GERT 网络模型, 提出了大数据服务工作流 QoS 风险元传递 GERT 网络模型, 对提出的网络模型构建了传递函数, 求解了等价传递概率和矩母函数, 并给出了计算工作流调度方案风险度的公式及其比较方法, 最后用案例说明了提出的风险度和比较方法的合理性和可行性。

第**5**章
云环境下大数据服务
选择期风险决策模型

随着大数据服务功能和云计算平台环境的不断发展完善，电子商务、邮件、大数据服务等互联网服务给人们的日常生活和工作带来了极大的便利。但随着网上服务数量的增多，人们需要在数量巨大、功能相似的服务中选择合适业务需求或自身要求的服务。人们在选择服务时，往往非常关注服务的功能性或非功能性 QoS，如存储空间大小、CPU 性能、服务的价格、响应时间等，容易忽视非法内容托管、数据泄露等风险问题。特别是大数据服务规模化、移动化、透明化、商业化等新的特点，给用户的服务使用带来新的不确定性。选择合适的大数据服务供应商，对于提高用户的服务体验、提升服务商安全管理水平、提升服务经济效率具有重要的影响。

以往研究中大多从非功能属性或技术方面考虑，少有从风险角度出发考虑，部分研究虽有涉及，但风险因素体系构建不完整，不能反映大数据服务出现的新特点，如法律风险、数据泄露风险。本章对大数据服务选择期风险体系进行了归纳总结，使用灰色语言变量作为专家评估工具，为了消除评估属性之间的相关性，通过改进的模糊积分和 Mobius 变换对评估信息进行融合，最后完成了大数据选择期的风险型决策模型。

5.1 大数据服务选择期风险分析

5.1.1 服务选择特点

下面以智能交通和用户画像两个典型的大数据服务场景为例来说明大

数据服务的服务层架构。智慧交通根据包括实时交通数据在内的综合数据实现快速交通事件处理、交通通行控制等典型应用场景。这些智能化的应用场景需要分别存储在不同地理位置的多个领域的数据，如汽车、交通监控设备、天气以及社交网络等数据。大数据服务通过聚合来自不同领域的虚拟服务和物理服务构建能满足用户需求的更大服务（Big Service）（Xu X，2015）。大数据服务层可以细化为本地服务层、面向领域服务层和面向需求服务层。本地服务层主要由原子服务和复杂服务构成，原子服务的执行不依赖于其他服务运行，通常是对云服务或物联网设备的虚拟化实现。原子服务通过服务组合方式构成复杂服务。原子服务和组合服务可以通过服务链（Service Chains）连接和集成，并运行在云平台上。面向领域服务层根据面向领域的业务需求和实际的业务关系，聚合本地服务层实现功能更强的组合服务。这些复杂的组合服务来自一个或多个领域，通过高层次服务链跨越多个组织、领域、网络和物理世界实现相互的连接。该层的组合服务运行在云计算或大数据环境。在面向用户需求服务层，服务解决方案是面向用户需求的，而用户需求是个性化和多样化的，所以把用户需求和面向领域服务层中的组合服务进行可靠的匹配是这一层的关键要素。

大数据服务的出现使云服务的形式和功能发生了显著变化，出现了资源云化、数据在线化、服务移动化等特征，大数据服务商可以为大量用户提供个性化的服务。用户可以按照自己的喜好、习惯选择不同的服务，定制个性化的界面，获取自己关心的新闻资讯。大数据服务商为每个用户提供的服务都是可以选择定制的。虽然这样的服务方式能够给用户带来更好的服务体验，增强用户对服务的黏度，但也必然会带来隐私方面的风险。在实现个性化的大数据服务时，首先需要使用多源数据对用户进行准确的描述，这些数据既包括用户基本属性、购买能力、兴趣爱好、生活方式、心理特征等用户数据，也包括网络日志、用户行为和网站交易等辅助数据，再利用文本挖掘、自然语言处理、机器学习、预测算法等对用户的行为进行建模，以便构建描述精确的用户画像，从而满足需求个性化的多元应用场景，广告公司用户画像可以应用于精准营销，电商公司的用户画像能够实现精细化运营，让用户购买更多的产品，内容平台应用画像可以向用户推荐更感兴趣的内容，实现流量提升。

从图5-1可以看出，为了构建准确的用户画像体系，需要构建多级别的用户标签，如性别、年龄、常住地、籍贯、身高、血型等人口属性；婚

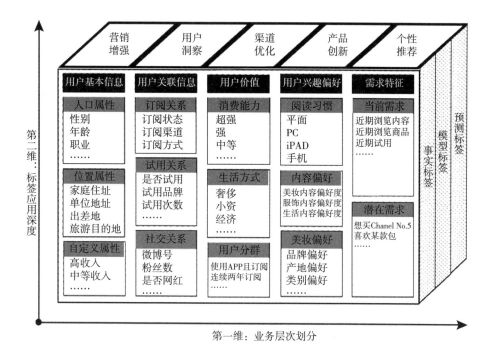

图 5-1　用户画像体系

恋状态、受教育程度、资产、收入情况、职业等社会属性；摄影、旅游、运动、服饰、游泳等兴趣偏好属性；内容偏好、美妆偏好等意识认知属性。总之，收集的用户信息越全面，用户的画像构建就越准确，就越能够实现全方位的用户交互服务。这样的商业模式建立在用户大量隐私暴露给大数据服务公司的基础上。

　　用户选择合适的大数据服务之后，需要和供应商之间签订服务合同以确定双方的权利和义务。大数据服务往往属于一种非可见服务，具有按需获取、动态扩展的特点。虽然同属于服务合同，但其也呈现出以下不同于服务合同的特点：

　　第一，标准化程度高。在签订大数据服务合同时，服务提供商倾向于使用普遍接受的标准化合同，即合同条款对于每一个客户都是一样的，并且提供的服务通常是远程服务而非本地服务，这样的合同往往缺乏关于服务提供商责任的描述。因为服务双方的主体地位差异较大，一方是实力雄厚的互联网巨头，而另一方是势单力薄的消费者，所以服务提供商具备对合同内容的绝对决定权。比如，随时修改服务合同内容，强制允许访问用户数据、浏览记录进行分析，以及附加的各类责任限制和免责声明等，后期可能会产生合规问题，导致服务使用者的成本增加。

第二，大数据服务合同形式电子化。不同于传统的商业合同，数据服务合同和云计算合同通常是以点击合同（Click-wrap Contract）或者浏览合同（Browse-through Contract）的形式签署。签署点击合同的客户一般需要点击"我同意"之类的按钮，从而会自动生成电子形式的文本，完成服务供应商和服务消费者之间的法律关系确认。浏览合同是一种通过网页等方式签订的合同，这种形式的合同会在网页上提供一个超链接跳转到另一个页面，该页面包含合同文本。用户也可以不用点击超链接，只要点击做出特定的行为即表示对合同的接受。浏览合同更具隐蔽性，使服务提供者更易于规避法律责任，这也是目前大多数服务者采用的合同方式（谢琳等，2018）。

第三，合同双方不对等。虽然服务提供商和服务用户之间在法律上是平等的。但双方在体量、拥有的信息量等方面并不对等，大数据服务商通常是拥有丰富资源、掌握话语权的互联网巨头，而另一方是势单力薄的消费者。朱飞叶（2012）指出，法律问题和隐私问题是实施云计算过程中最具代表性的数据安全问题，用户在选择云计算时，应进行设计数据完整性、数据恢复、数据保护、服务的恶意使用等内容的全面风险评估。

5.1.2 大数据服务选择期风险原因

云环境下大数据服务选择期的风险产生主要有以下几个原因：

5.1.2.1 利益驱动

目前提供云服务和大数据服务的多为互联网公司，如提供邮件服务的微软 Hotmail、提供在线搜索服务的谷歌和百度、提供在线图像处理服务的奥多比、提供在线社交服务的 Facebook 和腾讯等，其商业模式多为对用户不收费，但是通过收集用户隐私信息，如位置、社交关系、身份、消费偏好、购物习惯等，实现精准广告营销业务盈利。它们凭借广告容忍条款，向用户投放定向广告，获取巨额利润。同时，依靠庞大的用户量，这些提供大数据服务的互联网公司也会定期收集、存储、挖掘隐私信息，向第三方出售，甚至是提供给公权机关，获得交换回报。如美国联邦法院主张，个人自愿披露给第三人的信息不享有隐私权，只要有法院传票，服务商不必告知云用户，就可以向政府披露其数据隐私。

5.1.2.2　技术原因

大数据由复杂数据集汇集而成，只有通过数据分析和挖掘才能实现价值，但其数据价值密度低、处理速度快，需要如 Mapreduce 这类的分布式处理架构，这类架构需要数据的汇聚才能实现最大价值，这样的工作方式需要数据交换、复制以实现分析的目的。数据可能来自巨量物联网设备、手机终端等，应用范围可能是社交网络、科学计算、企业生产、商业模式等，用户来源、身份和访问目的也多种多样，传统的用于数据安全领域的访问控制技术在这样的场景下面临很大的技术问题。无法事前确定众多用户的访问需求及其权限边界是比较突出的难点，以往用来管理批量用户的技术方法——"角色"，也会因为用户数量过大而无法发挥作用。此外，巨量的数据也给安全管理员实施安全管理带来了挑战，其专业知识无法准确地确定用户访问数据的合法范围在哪儿，即使能够确定这个范围，这种识别效率也难以胜任大数据服务场景的需求。如医疗大数据领域，医生在工作过程中，可能需要访问大量相关数据信息，如果由管理员确定医生能够访问哪些数据以防止非授权和过度的访问，当数据量和医生数目很多且动态变化时，这会是一项困难的任务。

此外，大数据的出现也推动了新的数据分析技术，这些技术打破了以往安全技术的匿名规则，使原有的匿名规则失效。如根据用户查询时被随机分配的唯一标识符，获得用户查询的全部记录，再通过交叉搜索社保号、地址、收入等关键因素，可以从 65 万匿名用户 3 个月内的 2000 多万查询记录中识别用户的真实身份和隐私数据（蒋浩，2014）。

5.1.2.3　大数据合同关系复杂

大数据服务为服务消费者提供形式多样的数据增值服务，通常以大数据服务工作流的方式完成服务。在这个过程中，可能需要多个大数据或云计算服务商共同完成，用户购买对象是服务消费者和服务提供者之间达成的服务水平协议框架内签订合同形式的服务。通常情况下，服务消费者与服务提供商签订服务合同，事实上，该合同的背后可能涉及多个服务提供商，由多个服务提供商之间的合同网络共同实现。此外，参与服务消费活动的还有服务代理商，其充当消费者和提供者之间的中介作用。各参与主体均处于动态变化的状态。服务消费者的需求在不断变化，需要不同的服务提供商或代理商。代理商也会根据市场的变化，选择与更安全、更经济的提供商合作。提供商也会因激烈的市场竞争而导致业务上的不确定。这些情况加大了用户信息、隐私等敏感信息泄露的可能性，产生了信息安全方面的风险。

5.1.2.4　透明度不高

云计算动态、虚拟化的特点是一把"双刃剑"：一方面能够为用户带来经济、易于维护的各种资源，另一方面也增加了内部操作的复杂性和不透明性。无论是服务提供商、代理商还是两者之间的运行机制，对用户来说，都是不透明的。无论是个人用户还是企业组织，都很难了解合同范围，用户一旦把数据交给服务提供商，就对数据存储、处理方式及服务的交付方式等内容失去了控制。透明度不高的另一个体现是，服务协议和合同条款的执行对服务用户来说也是不透明的。在用户不知情的情况下服务协议能够更好地调整，这些变化的内容一般不会通知用户，而且用户对变更的内容缺乏法律上的判断和协商能力。如果用户的服务协议和合同是与代理商签订的，用户想了解合同的执行和关联关系就会变得更加困难。

5.1.2.5　大数据服务运营跨国化

对于目前的云计算和大数据服务提供商来说，为了提高不同地域用户的跨域体验，其数据中心的选址一般分布在全球不同地域。以阿里云为例，其在中国境内的数据中心包括华北、华东、华南和中国香港，亚洲范围内还包括日本、印度、中东、马来西亚、印度尼西亚，此外，其在澳大利亚、英国、德国、美国也都建有数据中心。同时，为了降低运行成本、减少服务响应时间，数据会在不同的数据中心复制，这就意味着服务的运行涉及多个国家的司法、边界管辖权。

5.1.3　大数据服务选择期风险识别分类

大数据服务的交易不同于传统的商品交易，服务提供商和服务消费者之间虽然处于平等的法律地位，但双方在交易过程中所获得的信息量不一样，交易权利、地位并不完全对等，大数据服务商拥有更多的话语权，处于优势地位。为了保障大数据服务运行和商业义务，服务双方一般会提供明确权利义务的合同，保障大数据服务的完成。

本书将大数据服务选择期的风险归纳为四类，分别是服务合同风险、隐私风险、管理风险和其他风险，如表 5-1 所示。

表 5-1   云环境大数据服务选择期风险指标体系

	一级指标	二级指标
云环境大数据服务选择期风险指标体系	服务合同风险（CR）	格式条款风险（CR_1）
		争议解决风险（CR_2）
		合同变更风险（CR_3）
		违约赔偿风险（CR_4）
	隐私风险（PR）	数据备份策略风险（PR_1）
		数据销毁管理风险（PR_2）
		数据迁移风险（PR_3）
		隐私安全设置风险（PR_4）
		强迫披露风险（PR_5）
	管理风险（MR）	大数据服务锁定风险（MR_1）
		审查支持风险（MR_2）
		密钥管理风险（MR_3）
	其他风险（OR）	法律差异风险（OR_1）
		法律遵从风险（OR_2）
		技术风险（OR_3）

5.1.3.1   服务合同风险

云环境下大数据服务的完成是通过用户和服务提供商之间的合同关系实现的，与简单的双方合同关系不同的是，由于参与主体众多且不稳定等特点，合同关系或者服务协议形成一个复杂的关系网络。造成大数据服务合同风险的主要原因如下（王凤暄，2015）：

（1）格式条款风险。

在大数据服务提供商向消费者提供服务前，两者会签订一份合同来应对服务消费过程中的法律问题。这种合同条款统一，通常包括使用法律条款、争议解决条款、责任限制、数据完整性、保存、披露、位置条款等，用户只能选择接受或放弃。有些条款，如数据处理方式、价格变化、违约赔偿方式、服务灵活性及合同解除的方式等，会使那些不熟悉合同或缺少相关法律经验的用户处于不利的地位。在云环境下，数据是用户非常重要的资产形式，尤其是在大数据服务中，数据更是服务价值的重要来源，许多供应商在数据的处理方面会为自己预留更多的权利，通常是单方拒绝提供服务或改变内容等形式的自由裁量权。例如，苹果的云存储服务条款中就包括"无须预先通知而在任何时间由其自行决定预先筛选、移动、拒绝、修改或移除内容"的权利。

格式条款风险的大小还和服务消费者的规模有关，大企业或政府客户对于大数据服务拥有较高的议价权，其对与数据和敏感信息有关的合同条款要求更高，甚至会要求服务合同采用自己的服务外包条款。对于小企业来说，其因为规模较小，只能被动地接受格式服务条款，无法获得协商的权利。对于个人用户来说，消费者因为缺乏专业知识，很少会仔细阅读、分析相关条款，甚至没有阅读就直接选择同意，即使阅读了也可能因为法律术语的障碍，无法理解其含义，从而限制用户的执行权和选择权。

（2）争议解决风险。

当大数据服务提供者和消费者就服务内容产生分歧时，需要对争议的内容进行解决，甚至是借助于法律的方式，即法律仲裁。对于这种情况，服务提供商一般会在合同中约定受某国家法律约束，在该国进行审理，在争议解决条款中，通常会单方面选择商业仲裁并强加给用户。此外，云服务供应商也会根据不同的服务内容选择不同的管辖机构。以微软公司为例，其2012年的服务合同条款中，对于欧洲、非洲和中东的用户指定由卢森堡法院管辖，美国境内的仲裁由州法院或仲裁庭管辖，而印度的客户由新加坡国际仲裁中心管辖。2014年的服务合同条款中，美国境内的客户由美国仲裁协会管辖，对于美国境外的客户，则没有规定解决争议的管理机构。

争议解决风险主要加重了国际用户的责任。不同国家的法律关于服务商品的认定和合同条款的适用法律的解释存在差异，会导致纠纷仲裁的结果存在巨大差别。对于服务用户而言，存在因不了解服务合同约定地域的适用法律而使自己败诉的风险。

（3）合同变更风险。

在云服务环境下，大数据服务是从大量多样的数据集中，发现隐藏模式、市场趋势、客户偏好等，帮助公司做出明智的商业决策，以应对互联网经济快速迭代、技术升级快的特点，提高企业竞争能力。这就意味着，为组织、企业和个人提供大数据服务的厂商也需要应对这样的变化，将其提供的服务升级，创造信息的服务应用，相应地也会带来服务合同的变化。

大数据服务供应商和用户都可能从服务合同的升级中受益。服务供应商提供更为完善的服务产品，吸引更多的用户。用户也可以从服务商处获得最新的服务内容，改善自己的业务模式，获得更好的服务。但用户在享受这种好处的同时所付出的代价是升级自己的产品、培训员工新的技能、迭代自己的商业模式以配合新技术、新服务的变化。用户往往会在成本增加和服务升级之间进行平衡。但新的合同条款并不是针对特定的用户，而是针对所有用户，对于那些不愿意升级的用户来说，可能会面临着被动升级或者原有服务内容被升级的风险。

（4）违约赔偿风险。

由于大数据服务的运行特点是服务用户众多，在某个服务提供商违约的情况下，类似受违约影响的用户也非常多，会给大数据服务商造成很大的赔偿压力。特别是在服务提供商的规模较小、资金不充足的情况下，如果合同条款中没有相关的限制和排除条款，那么面对金额比较大的赔偿义务时，可能就是致命的打击。对于大数据服务商来说，为了避免这样的风险，会在合同条款中加入限制和排除某些赔偿责任的条款，排除不可抗力给自身造成的损失，或对某些损失的赔偿数额和间接损失进行限制。所以，云环境下大数据服务的供应商在面临赔偿责任时，对服务不能正常运行而造成的利润损失进行了排除，并且对于属于赔偿范围的赔偿数额进行限额，对于高出的部分不予赔偿。这就意味着，赔偿的风险对于服务提供方和消费方都是存在的，当服务提供商规避自己的赔偿风险时，会对用户造成经济上的损失风险。

5.1.3.2　隐私风险

信息全方位共存是云功能得以充分实现的重要前提，大数据服务对数据的依赖更紧密，除了技术手段实现的数据收集，也非常需要用户提供敏感的数据。大量事实表明，未被妥善处理的大数据会对用户的隐私造成极大的危害，侵权事件的发生会打击用户对这种技术的信任。大数据选择期的数据风险和数据存储期的数据风险在原因、影响和出发点方面均存在着较大差异，存储期的数据风险主要来源于云计算平台虚拟化技术、数据管理技术等存在的脆弱性导致的数据安全问题，其影响结果为数据的损坏、更改等安全问题。选择期的数据风险更侧重于从大数据服务的用户利益视角，选择服务时数据管理上的不确定因素造成的数据隐私泄露，其影响结果为用户的个人权益。云环境下大数据服务选择期的数据风险包括以下内容：

（1）数据备份策略风险。

数据丢失和数据泄露像是一块跷跷板，压下一边的同时，另一边就会跷起来。为了防止数据的丢失，云服务厂商会对数据进行分级存储管理，还要进行周期备份。为了保证数据备份的安全，云服务商会把数据备份到分布在不同地域的数据中心，这导致用户无法知道数据地理位置，同时也加大了数据隐私泄露风险的发生概率。

（2）数据销毁管理风险。

数据销毁管理风险是指当用户申请删除或者销毁存储在云上的资源时，大数据服务商所采取的管理制度上的风险。从技术上来看，数据销毁包括软销毁和硬销毁两种方式，软销毁是通过数据删除和数据覆写的方式进行的数据替代删除方式。而数据硬销毁是指通过物理上消磁、燃烧或者化学上的腐蚀等方式进行数据销毁的方式，相比而言，硬销毁要更安全和可靠。但是，如果大数据服务商采取的技术方式是软销毁，或者是虽然采用了硬销毁的技术方案，但管理上存在制度缺陷，会使不怀好意的人员获得包含用户数据的磁盘硬件，从而通过软件的方式对残留的数据进行非法重建，进而造成隐私数据风险。

（3）数据迁移风险。

数据迁移是一种将离线存储与在线存储融合的技术。将磁盘中常用的数据按指定的策略自动迁移到具有高速、高容量的非在线的二级存储设备上。当需要这些数据时自动将这些数据从下一级存储设备调回到上一级。这些操作对用户来说是完全透明的，这也意味着数据需要经历非常频繁的数据位置变换，无论是对于传输还是存储，如果技术和管理制度缺失或强度不够，都有可能造成用户数据的泄露。

（4）隐私安全设置风险。

隐私安全设置风险主要是指在使用大数据服务过程中，保护隐私的相关安全设置的合理性和便于适用性。如社交软件中关于好友添加方式设定，好友的分类和相关权限指定等与隐私保护有关的操作，是否能够覆盖隐私保护的要求，操作步骤设置是否复杂。如果相应的保护设置缺失，在设置的选项中没有相应的选项，则起不到保护隐私的作用。另外，如果隐私的设置流程复杂或者设置选择的界面深度过大，那么很多用户会采用系统的默认设置，也不能达到预期的隐私保护效果。

（5）强迫披露风险。

经济合作与发展组织（Organization for Economic Cooperation and Development，OECD）在 1996 年提出了关于密码技术政策的一些指导方针。这些指导方针为国家提供了一些在制定国家密码技术政策时需要考虑的原则。基于该原则，马来西亚、新加坡、英国等赋予自身访问明文或加密数据的权力。美国的爱国者法案（USA Patriot Act）也赋予了政府对美国境内用户数据访问的法律权利。如果政府人员利用访问职权访问用户的数据，则可能会导致用户的数据和利益受到损害。

5.1.3.3 管理风险

管理风险指大数据服务提供商在运营大数据服务时因为信息不对称、管理不善等风险因素影响管理水平，对大数据服务绩效产生影响。

（1）大数据服务锁定风险。

云服务提供商很少提供数据和服务的移植功能，而云服务厂商大多数都是大数据服务的提供商，云平台作为大数据的存储平台，意味着大数据服务商一般也不会提供相应的转移服务。一旦用户选定某个大数据服务，积累了大量数据之后，很难将自己的数据迁移到其他云服务厂商或自己的IT 设备中。若大数据服务商信誉不够，会把用户的信息作为资产进行出售，导致用户数据泄露风险。

（2）审查支持风险。

大数据服务时代，数据存储在虚拟化的云环境下，用户很难了解和调查自己的数据，特别是大数据服务面向的用户众多，多个用户的数据存放在同一主机上。选择潜在的大数据服务供应商，通常还要考察供应商合作伙伴的财务状况以及技术是否适合、财务稳定性、潜在利润等，这就需要对云伙伴进行适当的审查。但是，大数据服务商担心审查会涉及云计算服务中心上用户数据，从而在审查支持程度上存在差异，这也会给服务的使用者带来一定的潜在隐私泄露风险。

（3）密钥管理风险。

密钥是为了保证开放式环境中数据在网络上传输的安全性而提供的加密服务，一般有私用密钥和公共密钥两种形式。虽然密钥可以在一定程度上保证数据的安全性，但是密钥管理不当会导致加密数据的泄露，管理风险可能来自两个方面：一方面是掌握密钥的合法用户，另一方面则是内部人员利用管理环节上的漏洞获得用户的密钥，从而侵害用户权益。

5.1.3.4　其他风险

其他风险主要包括技术方面和法律方面的风险。

（1）法律差异风险。

目前，各主要国家和地区用以保障云环境下数据隐私权的法律和规范数量少、质量低（蒋洁，2014）。这主要表现为，针对隐私保护的适用法律少，法律的适用范围只有部分地区和主体，以行业自律方式代替法律上的职责，一些国家的《消费者权益保护法》《政府监管法》等法律文件中只有少量适合云环境下大数据隐私相关条款。美国的《联邦电子通讯隐私权保护法案》在保护主体上有详细的规定，并且限制了适用地域范围。大数据服务过程中的数据在跨越多个国家的数据中心时，会因为法律条款上的差异，使用户的隐私保护策略存在不同，进而影响用户的数据保护和法律诉求。

（2）法律遵从风险。

从应用运行的角度来讲，大数据服务的性能就是网络性能、运算性能、可视化性能及云计算基础架构性能的总和。用户在衡量供应商大数据服务时必须遵循一个合适的标准，即服务等级协议，这也对大数据服务商提供的服务进行了限制。但用户在选择供应商使用服务时，往往无法掌握控制权，无法监控和审查供应商应履行的义务和服务承诺。虽然大数据服务双方会就服务的内容和质量签订法律合约，但大数据服务商是否能够履行自己的义务存在不确定性，也无法被审查，该指标需要借助服务商的信誉或者用户的反馈来评价。

（3）技术风险。

技术风险泛指大数据服务商在使用的虚拟化、安全管理、数据监控等技术方面存在的各类风险。因为在服务期抽象层次较高，主要是客户和服务商之间选择关系的确立。技术风险在服务期主要通过服务商所公布的技术体系和安全保障措施，如服务监控技术、身份验证机制、访问控制、软件升级、传输协议等存在的漏洞造成用户数据安全事件发生的概率来表示，也是用来评估各个大数据服务安全级别的指标。

5.2 基于犹豫模糊集和云模型的权重确定方法

犹豫模糊集（Alcantud & Torra，2018）能够解决知识背景和决策经验等因素的差异所导致的多个决策者在决策时犹豫不决和意见不一致的问题。目前学者们围绕着犹豫模糊数的关联度、相似度、距离测度（Xu Z et al.，2011）和集结算子等相关理论及其在决策问题上的应用进行了系统的研究，集结算子在群决策中应用广泛，通常用来对多位专家的评价意见进行集结计算，以获得评价方案的排序。犹豫模糊数的集结算子（Xia M et al.，2013）问题也被成体系地研究，学者们给出了多种集结算子并应用到群决策中，但在这些方法中往往忽视决策者的知识背景和决策经验，假定决策者的决策信息具有较高可信度，导致决策结果会因某些决策者的主观偏差影响最终的决策效果。有学者开始关注该方面的问题，刘小弟等（2014）使用决策者可信度的概念来表示对决策领域知识背景的熟悉程度，但该方法存在一个较大的缺陷，即可信度需要专家自己给出，带有较强的主观性，在利益因素的影响下，决策者会调整自己的可信度值。所以，可信度的确定缺少科学定量方法，是目前存在的主要问题。

为了解决该问题，本节采用犹豫模糊集和云模型理论，提出一种定量计算可信度的方法，并根据可信度计算决策属性的权重。

5.2.1 基于云模型的可信度求解方法

云模型（高艳苹等，2019）是一种实现定性、定量不确定性转换的模型，目的是表述决策对象的模糊性和随机性，同时能够在一定程度上解决信息集结过程中信息丢失的现象，能够应用在电力、环境等多个社会领域（李存斌等，2017）。

借鉴云模型将语言值描述的某个定性概念转化为数值描述的不确定的定量模型，这里给出一种基于云模型的可信度定量确定方法。该方法的思路是，利用提出的改进逆向云发生器对风险评估专家给出的犹豫模糊偏好信息生成风险评估问题的风险云，基于风险云的数字特征定量计算专家偏好的可信度。下面给出相关的定义和实现方法。

设犹豫模糊集 $h(x_1)$，$h(x_2)$，$\cdots$，$h(x_n)$，$\forall \gamma_i \in h(x_i)$，$h(x_i)$ 的权重向量 $W=(\omega_1，\omega_2，\cdots，\omega_n)^T$ 满足 $\sum_{i=1}^{n} \omega_i = 1(\omega_i \geqslant 0)$，可信度 $l_i \in [0，1]$，则有：

$$CIHFWA(h(x_1)，h(x_2)，\cdots，h(x_n)) \tag{5-1}$$
$$= \bigcup_{\gamma_1 \in h(x_1)，\gamma_2 \in h(x_2)，\cdots，\gamma_n \in h(x_n)} \left\{ \sum_{i=1}^{n} w_i(l_i \gamma_i) \right\}$$

其中，$CIHFWA$ 称为可信度犹豫模糊加权平均算子，当可信度 $l_i = 1$ 时，式（5-1）退化为犹豫模糊加权平均算子。

定义 5-1 在大数据服务服务期风险评估问题中，基于专家群体对某一风险指标 C_j 的所有评价生成的云，称为风险云。

在云模型理论中，逆向云发生器是实现从定量数值到定性概念的转换模型，该方法是在一定数量的数据基础上，生成以 $(Ex，En，He)$ 为数字特征的定性概念的云模型。下面给出风险云的生成算法。

算法 5-1

输入：风险评估专家关于某个风险指标 $C_j(1 \leqslant j \leqslant m)$ 评价集合 $H_S = \{\gamma \mid \forall \gamma \in h_{ij}(x)\}$，$1 \leqslant i \leqslant n$；

输出：指标 C_j 的数字特征 $(Ex_j，En_j，He_j)$，求得 C_j 的风险云。

Begin

Step 1 计算集合 H_S 均值 $\bar{H} = \sum_{i=1}^{n} s(h_{ij}(x)) = \sum_{i=1}^{n} \frac{1}{l_{ij}(x)} \sum_{\gamma \in h_{ij}(x)} \gamma$，一

阶指标绝对中心矩 $\sum_{i=1}^{n} \frac{1}{l_{ij}(x)} \sum_{\gamma \in h_{ij}(x)} |\gamma - \bar{H}|$，指标方差 $S^2 = \sum_{i=1}^{n} \sum_{\gamma \in h_{ij}(x)}$

$(\gamma - \bar{H})^2 / (\sum_{i=1}^{n} l_{ij}(h) - 1)$。

Step 2 根据 Step 1，得到期望 $Ex_j = \bar{H}$。

Step 3 根据 Step 2，计算熵 $En_j = (\sqrt{\frac{\pi}{2}} \times \sum_{i=1}^{n} \frac{1}{l_{ij}(x)} \sum_{\gamma \in h_{ij}(x)}$

$|\gamma - Ex_j|)/\mu$。

Step 4 根据 Step 1 和 Step 3 计算超熵 $He_j = \sqrt{S^2 - En_j^2}$。

End

重复执行算法 5-1, 可以得到风险评估问题的所有风险云的数字特征。

在算法 5-1 中, 可信度调整系数 μ 用来调整风险评估专家偏好信息可信度的取值区间。根据正态分布的 $3En$ 原则, $\mu \in [1, 3]$。

根据云模型相关理论, 期望 Ex 和熵 En 反映了定量数据转化定性概念的可信程度, 以此来确定云期望曲线, 基于此理论给出基于风险云数字特征的可信度求解公式:

$$f_l(\gamma) = \exp\left[-\frac{(\gamma - Ex_j)^2}{2En_j^2}\right], \ \gamma \in h_{ij}(x), \ 1 \leqslant i \leqslant n, \ 1 \leqslant j \leqslant m$$

$$(5-2)$$

其中, 风险云 C_j 的数字特征分别用 Ex_j 和 En_j 表示, γ 表示评估者关于指标 C_j 的偏好信息。通过式 (5-2) 计算得到的就是风险评估专家关于指标 C_j 评价信息的可信度。综合所有的可信度信息可以得到决策者的可信度矩阵 L, 该矩阵反映了每个决策者对组成方案的各个指标评价的可信度。可信度矩阵 $L = (l_{ij}(x))$ 和具有可信度的模糊决策矩阵 D_l 的求解方法如算法 5-2。

算法 5-2

Begin

Step 1　根据风险评估问题的属性集 C, 利用算法 5-1 生成的 m 朵风险元。

Step 2　基于评估者的评价矩阵, 根据式 (5-2) 计算所有风险评估专家给出的由犹豫模糊数形式的 $l_{ij}(x)$ 构成的可信度矩阵 $L = [l_{ij}(x)]_{n \times m}$。

Step 3　对得到的可信度矩阵和评价矩阵进行组合, 进而得到由二元组 (l, h) 构成的二元组矩阵, 分别代表评估者的可信度和评价值, 构成包含可信度的模糊决策矩阵 $D_l = [h_{ij}]_{n \times m}$, 其中 $h_{ij} = \{(l_{ij}(x_1), h_{ij}(x_1),), (l_{ij}(x_2), h_{ij}(x_2),), \cdots\}$。

End

5.2.2　风险属性权重确定方法

目前, 已有很多关于指标权重的研究, 主要有客观赋权法和主观赋权法两种。客观赋权法主要是依据指标评估数据之间的关系进行确定，得到的结果比较科学和客观。主观赋权法是评价者根据自己的知识、经验主观判断得到，常用的方法有 Delphi 法和 AHP 等，结果往往带有主观因素。可信度是一种关于评估结果可靠性的度量，也体现了决策者的知识背景、经验，如果某个决策属性通过定量计算后具有更高的可信度，该属性也应该具备更高的权重赋值，基于此思想，本书给出了基于可信度的风险指标权重确定方法。

设非空集合 $X = \{x_1, x_2, \cdots, x_n\}$ ，犹豫模糊集 $A = \{< x_i, h_A(x_i) > | x_i \in X\}$ ， $i = 1, 2, \cdots, n$ ， $h_A(x_i)$ 为描述 x_i 的可信度构成的犹豫模糊数，则 A 中第 i 个元素 $h_A(x_i)$ 所包含的信任量为：

$$DE(h_A(x_i)) = \frac{1}{l_i} \sum_{j=1}^{l_i} h_A^2(x_i) \tag{5-3}$$

A 所包含的信任量定义为如式（5-4）所示的形式：

$$DE(A) = \sum_{i=1}^{n} \left(\frac{1}{l_i} \sum_{j=1}^{l_i} h_A^2(x_i) \right) \tag{5-4}$$

l_i 表示 $h_A(x_i)$ 中犹豫模糊数的个数，当 A 由 $l_{ij}(x)$ 第 i 行所有元素构成，则公式计算的是方案 A_i 所包含的信任量。当 A 由 $l_{ij}(x)$ 第 j 列所有元素构成，则公式计算的是指标 C_j 所包含的信任量。 $L = [l_{ij}(x)]_{n \times m}$ 表示用算法 5-2 求得的可信度矩阵，当 A 由可信度矩阵中 $l_{ij}(x)$ 构成，则该公式计算的是决策者对 A_i 的指标 C_j 评价信息包含的信任量。式（5-4）可以根据 A 的不同表示形式求出不同内容所包含的信任量。根据该公式，可以得到信任量矩阵 C_E 。

定义 5-2 定义 $l^+ = (l_1^+, l_2^+, \cdots, l_n^+)$ 为最优信任向量，其中 $l_j^+ = \max(DE(h_A(l_{ij})))$ ， $j = 1, 2, \cdots, n$ 。

可信度矩阵的最优向量是包含信任量最多的向量，这里需要使用犹豫模糊集距离公式来度量每个方案的信任度与此向量之间的距离，以便根据距离计算属性的权重。因为两个犹豫模糊数集合中元素的个数 l_1 和 l_2 可能不同，当要比较 $h_A(x_1)$ 和 $h_A(x_2)$ 的时候，令 $l = \max\{l_1, l_2\}$ ，为了更准确地计算两者之间的距离，需要先对两个集合做如下处理：

其一， $h_{\sigma(i)}(x_1)$ （ $i = 1, 2, \cdots, l_1$ ）表示 $h_A(x_1)$ 中第 i 小的元素，将 $h_A(x_1)$ 和 $h_A(x_2)$ 中的元素按增序重新排列。按同样方法处理 $h_A(x_2)$ 。

其二，扩展元素个数少的集合，使两个集合的元素个数都为 l 。本书采用 Xu Z 和 Zhang X（2013）的扩展方法，假设 $l_1 < l_2$，则在 $h_A(x_1)$ 中添加元素可以按照式（5-5）进行。

$$h = \eta h_A(x_1)^+ + (1 - \eta)h_A(x_1)^-$$ （5-5）

$h_A(x_1)^+$ 和 $h_A(x_1)^-$ 分别表示 $h_A(x_1)$ 中的最大值和最小值。$\eta(0 \leq \eta \leq 1)$ 表示风险偏好系数，悲观型可以取 $\eta = 0$，乐观型可以取 $\eta = 1$，风险中立型可以取 $\eta = 0.5$。当 $l_1 > l_2$ 时，处理过程类似。则两个犹豫模糊元素 $h_A(x_1)$ 和 $h_A(x_2)$ 的欧式距离可以定义为：

$$\mathrm{d}_1(h_A(x_1), h_A(x_2)) = \sqrt{\frac{1}{l} \sum_{i=1}^{l} |h_{\sigma(i)}(x_1) - h_{\sigma(i)}(x_2)|^2}$$ （5-6）

根据式（5-6），则方案 A_i 与最优信任向量 l^+ 的距离可以表示为：

$$D_i(\omega) = \sum_{j=1}^{m} \omega_j \mathrm{d}_1(l_{ij}, l_j^+) = \sum_{j=1}^{m} \omega_j \sqrt{\frac{1}{l} \sum_{\lambda=1}^{l} |l_{ij}^{\sigma(\lambda)} - l_j^{+\sigma(\lambda)}|^2}$$

（5-7）

构造基于指标权重向量 W 的非线性规划模型（5-8），使得所有方案离最优信任向量的距离最小。

$$M-1 \begin{cases} \min D(\omega) = \sum_{i=1}^{n} \sum_{j=1}^{m} \omega_j \sqrt{\frac{1}{l} \sum_{\lambda=1}^{l} |l_{ij}^{\sigma(\lambda)} - l_j^{+\sigma(\lambda)}|^2} \\ \text{s. t. } \omega_j \geqslant 0, \quad j = 1, 2, \cdots, m, \quad \sum_{j=1}^{m} \omega_j^2 = 1 \end{cases}$$

（5-8）

为了求解模型（5-8），构造约束优化问题的拉格朗日函数：

$$L(\omega, \xi) = \sum_{i=1}^{n} \sum_{j=1}^{m} \omega_j \sqrt{\frac{1}{l} \sum_{\lambda=1}^{l} |l_{ij}^{\sigma(\lambda)} - l_j^{+\sigma(\lambda)}|^2} + \frac{\xi}{2}(\sum_{j=1}^{m} \omega_j^2 - 1)$$

（5-9）

其中，ξ 是一个实数，表示拉格朗日乘子。

计算函数 L 的偏导数：

$$\frac{\partial L}{\partial \omega_j} = \sum_{i=1}^{n} \sqrt{\frac{1}{l} \sum_{\lambda=1}^{l} |l_{ij}^{\sigma(\lambda)} - l_j^{+\sigma(\lambda)}|^2} + \xi \omega_j = 0$$ （5-10）

$$j = 1, 2, \cdots, m$$

$$\frac{\partial L}{\partial \xi} = \frac{1}{2} \left(\sum_{j=1}^{m} \omega_j^2 - 1 \right) = 0 \qquad (5-11)$$

由式 (5-10) 可以得到:

$$\omega_j = \frac{-\sum_{i=1}^{n} \sqrt{\frac{1}{l} \sum_{\lambda=1}^{l} |l_{ij}^{\sigma(\lambda)} - l_j^{+\sigma(\lambda)}|^2}}{\xi} \qquad (5-12)$$

$$j = 1, 2, \cdots, m$$

把式 (5-12) 代入式 (5-11), 可以得到:

$$\xi = -\sqrt{\sum_{j=1}^{m} \left(\sum_{i=1}^{n} \sqrt{\frac{1}{l} \sum_{\lambda=1}^{l} |l_{ij}^{\sigma(\lambda)} - l_j^{+\sigma(\lambda)}|^2} \right)^2} \qquad (5-13)$$

综合式 (5-12) 和式 (5-13), 可以得到:

$$\omega_j = \frac{\sum_{i=1}^{n} \sqrt{\frac{1}{l} \sum_{\lambda=1}^{l} |l_{ij}^{\sigma(\lambda)} - l_j^{+\sigma(\lambda)}|^2}}{\sqrt{\sum_{j=1}^{m} \left(\sum_{i=1}^{n} \sqrt{\frac{1}{l} \sum_{\lambda=1}^{l} |l_{ij}^{\sigma(\lambda)} - l_j^{+\sigma(\lambda)}|^2} \right)^2}} \qquad (5-14)$$

$$j = 1, 2, \cdots, m$$

令 $Y_j = \sum_{i=1}^{n} \sqrt{\frac{1}{l} \sum_{\lambda=1}^{l} |l_{ij}^{\sigma(\lambda)} - l_j^{+\sigma(\lambda)}|^2}$, 则式 (5-14) 可以记作:

$$\omega_j = \frac{Y_j}{\sqrt{\sum_{j=1}^{m} Y_j^2}}, \quad j = 1, 2, \cdots, m \qquad (5-15)$$

其中, $Y_j = \sum_{i=1}^{n} \sqrt{\frac{1}{l} \sum_{\lambda=1}^{l} |l_{ij}^{\sigma(\lambda)} - l_j^{+\sigma(\lambda)}|^2}$, $j = 1, 2, \cdots, m$。

最后, 对 ω_j 进行归一化处理, 得到各个指标的最终权重公式如下:

$$w_j = \frac{\omega_j}{\sum_{j=1}^{m} \omega_j}, \quad j = 1, 2, \cdots, m \qquad (5-16)$$

5.3　基于三参数区间灰色语言变量的多属性决策方法

5.3.1　现有研究成果不足

多属性决策（Multi-Attribute Decision-Making，MADM）是一种针对涉及多个属性的方案集进行评价并依据评价结果选择最优方案的人类活动过程。在现实中，MADM 问题常常与人类的主观知识和经验有关，从而难以做出精确的评价值。决策者常会以定性语言值的方式给出。无论在理论研究还是实际应用中，MADM 面临这种不确定的决策场景和应用会越来越多。Zadeh 在 1975 年第一次将语言信息和数学变量结合定义了语言变量。

梳理目前的研究成果，对于模糊性和不确定性有多种表达方式，如区间值梯形模糊数、随机模糊集、二型模糊数等。对比这些方案，本书认为，使用语言值作为评价变量可以更直接和有效地表达评价时的不确定性，也更易于实际的决策实践。所以，本章选择灰色语言变量表达决策信息。

因为区间灰数在区间范围取值概率均等，所以一旦区间范围过大就会造成灰数取值的失真。有两个原因会造成区间灰数范围扩大：一是设置的上下限可能过大；二是区间灰数的混合运算法则也会扩大计算结果的范围，这导致决策的结果随之放大，造成决策的偏差甚至是失真。因此，Luo（2012）将区间灰数和三角模糊数两种不确定信息的表达方式优势互补，进而提出了三参数区间灰数的概念。曹国（2014）将三参数区间灰数和语言变量结合来表示语言变量的灰色部分。作为一种特殊的灰色模糊数，三参数区间灰数具有非常强的未知数量表征能力，从而使评价过程更易于实现。曹国在研究中提出了三参数区间灰色语言变量的运算规则和可能度公式，但是存在以下两点不足：

第一，在该灰色决策模型中，假设所有的属性相互独立。然而在现实的决策问题中，属性之间具有关联关系会导致决策模型的失效。

第二，可能度的计算公式存在不合理之处，可能度矩阵也过于绝对。

结合曹国（2014）和 Liu P（2016）的研究内容，本节提出了三参数区间灰数语言变量表示决策信息的模糊性和不确定性。用灰色语言变量作为评价方案属性的评价信息，用三参数区间灰数作为决策者评价的不确定度。至于如何消除属性之间的交互作用，Grabisch 提出了一种模糊积分方法，该方法基于模糊测度，可以用来消除属性之间重叠信息的非线性聚集因子。和经典测度不同的是，该测度不具有可加性。当有 n 个属性时，需要计算 2^n-2 个参数，计算量巨大。本节提出了三参数区间灰数背景下的一个灰色模糊积分相关度决策模型，该模型结合了投影模型和 Mobius 变换系数两种方法，克服以往研究中存在的不足。

5.3.2　三参数区间语言灰色变量

定义 5-3　$\tilde{A}$ 是论域 X 上的模糊集。隶属度函数 $\mu_A(x)$ 是 X 中元素区间 $[0, 1]$ 上实数的映射。非隶属度函数 $v_A(x) \in [0, 1]$，代表决策信息的不确定度，则称 $\tilde{A}_{\otimes} = (\tilde{A}, \underset{\otimes}{A})$ 为 X 上的灰色模糊集，$\tilde{A} = \{(x, \mu_A(x)) \mid x \in X\}$，$A = \{(x, v_A(x)) \mid x \in X\}$。

设 $\tilde{A}_{\otimes} = (\tilde{A}, \underset{\otimes}{A})$ 为 X 上的灰色模糊集，则该灰色模糊集的范数 $T = \{t_a \mid a = 1, \cdots, l\}$ 是加性语言变量。这里，t_a 为语言评估术语，t_1 和 t_l 分别为语言评估术语的下限和上限。显然，语言评估术语 t_a 和其下标 a 具有严格的单调递增关系。$\underset{\otimes}{A}$ 为三参数区间灰数 $[\underline{\otimes}A, \otimes A, \overline{\otimes}A]$，$\underline{\otimes}A$，$\otimes A$ 和 $\overline{\otimes}A$ 都属于 $[0, 1]$。那么，$\tilde{A}_{\otimes}$ 称为三参数区间灰色语言变量，$\underline{\otimes}A$ 和 $\overline{\otimes}A$ 分别代表决策信息不确定度值的下限和上限。$\otimes A$ 为重心，表示决策信息不确定度的最可能值。

设两个三参数区间灰色语言变量分别为：$\tilde{A}_{\otimes} = (\tilde{A}, \underset{\otimes}{A}) = (t_a, [\underline{\otimes}A, \otimes A, \overline{\otimes}A])$ 和 $\tilde{B}_{\otimes} = (\tilde{B}, \underset{\otimes}{B}) = (t_b, [\underline{\otimes}B, \otimes B, \overline{\otimes}B])$，根据语言变量的运算规则和扩张原理（刘德培，2011），其运算法则为：

$$\tilde{A}_{\otimes} + \tilde{B}_{\otimes} = (\tilde{A}, \underset{\otimes}{A}) + (\tilde{B}, \underset{\otimes}{B}) = (t_{a+b}, [(\underline{\otimes}A \vee \underline{\otimes}B), (\otimes A \vee \otimes B), (\overline{\otimes}$$

$A \vee \overline{\underset{\otimes}{}} B)\,]\,)$

$\tilde{A} - \tilde{B} = (\tilde{A}, \underset{\otimes}{A}) - (\tilde{B}, \underset{\otimes}{B}) = (t_{a-b}, [\,(\underset{\otimes}{}A \vee \underset{\otimes}{}B), (\underset{\otimes}{}A \vee \underset{\otimes}{}B), (\overline{\underset{\otimes}{}}$

$A \vee \overline{\underset{\otimes}{}} B)\,]\,)$

$k \underset{\otimes}{\tilde{A}} = (t_{ka}, [\,\underset{\otimes}{}A, \underset{\otimes}{}A, \overline{\underset{\otimes}{}}A\,]\,)$

三参数区间灰色语言变量的投影。设 A 和 B 为两个三参数区间灰色语言变量向量，则 A 在 B 上的投影公式（曹国等，2014）为：

$\mathrm{Pr}_A B =$

$$\frac{\sum\limits_{j=1}^{n} \left[\,(1 - \underset{\otimes}{}A_j)(1 - \underset{\otimes}{}B_j) + (1 - \underset{\otimes}{}A_j)(1 - \underset{\otimes}{}B_j) + (1 - \overline{\underset{\otimes}{}}A_j)(1 - \overline{\underset{\otimes}{}}B_j)\,\right] a_j b_j}{\sqrt{\sum\limits_{j=1}^{n} \left[\,(1 - \underset{\otimes}{}A_j)^2 + (1 - \underset{\otimes}{}A_j)^2 + (1 - \overline{\underset{\otimes}{}}A_j)^2\,\right] a_j^2}}$$

(5-17)

可以看出，投影值越大意味着 A 和 B 越邻近。

设 $\underset{\otimes}{\tilde{A}} = (\tilde{A}, \underset{\otimes}{A}) = (t_a, [\,\underset{\otimes}{}A, \underset{\otimes}{}A, \overline{\underset{\otimes}{}}A\,]\,)$ 为三参数区间灰色语言变量，可以给出 $\underset{\otimes}{\tilde{A}}$ 的精确函数为：

$$q(\underset{\otimes}{\tilde{A}}) = \left\{ 1 - \frac{1}{2}\left[\underset{\otimes}{}A \times \left(1 - \frac{\underset{\otimes}{}A - \underset{\otimes}{}A}{\overline{\underset{\otimes}{}}A - \underset{\otimes}{}A}\right) + \underset{\otimes}{}A \times \left(1 + \frac{\overline{\underset{\otimes}{}}A - \underset{\otimes}{}A}{\overline{\underset{\otimes}{}}A - \underset{\otimes}{}A}\right)\right]\right\} \times a$$

(5-18)

5.3.3　基于 Mobius 变换的模糊度量

设 $C = \{c_j \mid j = 1, 2, \cdots, n\}$ 为有限的属性集，$P(C)$ 代表集合 C 的幂集，则 $(C, P(C))$ 构成了一个空间。$g: P(C) \to [0, 1]$ 为一组集合函数。满足下列条件：

（1）$g(\varnothing) = 0$，$g(C) = 1$。

（2）$\forall A, B \in P(C)$，如果 $A \subseteq B$，则有 $g(A) \leqslant g(B)$。

定义函数 g 为模糊测度。

1996 年，Grabisch 提出了一种基于伪布尔函数和 Mobius 变换的 K 阶可加模糊度量，进而给出了二阶可加模糊度量（Vgbaje，2019），该测度具有更好地表达模糊度量的能力，使模糊度量更为准确，其公式为：

$$g(K) = \sum_{j \in K} mobius_j + \sum_{i,\,j \in K} mobius_{ji} \qquad (5\text{-}19)$$

其中，$mobius_j$ 是属性 C_j 的 Mobius 变换系数，$mobius_{ji}$ 表示两个属性的 Mobius 变换系数。

设 $Y_i = \{y_{ij} \mid j = 1, \cdots, n\}$ 是评价矩阵的行向量，表示评价方案 A_i 在属性集 C 上的评价信息。Y_0 是 C 的最大值，则 Y_0 和 Y_i 之间关联系数公式是：

$$\gamma = \frac{\Delta_{\min} + \lambda \times \Delta_{\max}}{\Delta_i + \lambda \times \Delta_{\max}} \qquad (5\text{-}20)$$

其中，$\Delta_{\min} = \min\limits_i \min\limits_j |Y_0 - Y_i|$，$\Delta_i = \max\limits_i \max\limits_j |Y_0 - Y_i|$，$\Delta_{\max} = \max\limits_i \max\limits_j |Y_0 - Y_i|$。$\lambda \in (0, 1)$ 为分辨系数，一般取 0.5。

式（5-21）称为灰色关联模糊积分。

$$\int \gamma(Y_0,\ Y_i)\,dg = \sum_{j=1}^{n} \left[\gamma_{ij} - r_{i(j-1)}\right] g(K) \qquad (5\text{-}21)$$

Mobius 变换系数 $mobius_j$ 描述了属性 C_j 的全局重要度，该测度包括属性 C_j 相对重要程度及 C_j 与其他属性的两两重要程度，而系数 $mobius_{ji}$ 既考虑了属性的相对重要程度，还考虑了 C_j 与 C_i 之间的交互度。

设 $C = \{C_1,\ C_2,\ \cdots,\ C_n\}$ 为属性集，$\omega = (\omega_1,\ \omega_2,\ \cdots,\ \omega_n)$ 为属性权重向量集，则属性 C_j 和 $\{C_j,\ C_i\}$ 的变换系数（常志朋和程龙生，2015）分别为：

$$\begin{cases} mobius_j = \dfrac{\omega_j}{P} \\[3mm] mobius_{ji} = \dfrac{\zeta_{ji}\omega_j\omega_i}{P} \\[3mm] i,\ j = 1,\ 2,\ \cdots,\ n \end{cases} \qquad (5\text{-}22)$$

其中，$P = \sum \omega_j + \sum \xi_{ji}\omega_j\omega_i$，$\xi_{ji}$ 为 ω_j 和 ω_i 之间的交互度，$\xi_{ji} \in [-1, 1]$。

定理 5-1 如果由上式计算得到的模糊度是二阶可加模糊度，需要满足下列四个公式的要求：

（1）$mobius(\varphi) = 0$；

（2）$mobius_j \geq 0$，$\forall j \in n$；

（3）$\sum mobius_j + \sum mobius_{ji} = 1$；

（4）$\sum mobius_j + \sum\limits_{l \in K} moibus_{ji}$，$\forall K \subset C$。

证明：

（1）显然成立。

（2）因为 $\xi_{ji} = \xi_{ij}$，$\sum\limits_{j=1}^{n} \omega_j = 1$，则 $P = 1 + \dfrac{1}{2}\sum\limits_{j=1}^{n}\sum\limits_{l=1,\,j \neq l}^{n} \xi_{ji}\omega_j\omega_l = 1 + \dfrac{1}{2}\big[\omega_j\sum\limits_{j=1,\,j \neq l}^{n} \xi_{jl}\omega_l\big]$。

又因为 $\xi_{ji} \in [-1, 1]$，$0 \leq \omega_j \leq 1$，从这两个条件可以得到：

$-\omega_l \leq \xi j_l\omega_l \leq \omega_l$，$j \neq l$。

将上式两边对 l 求和，可以得到：$-1(1-\omega_j) \leq \sum\limits_{l=1,\,j \neq l}^{n} \xi_{jl}\omega_l \leq 1-\omega_j$，两边乘以 ω_j，再对 j 求和，可以得到：$-(\omega_j - \omega_j^2) \leq \omega_j\sum\limits_{l=1,\,l \neq j}^{n} \xi_{jl}\omega_l \leq \omega_j - \omega_j^2$。

$$-1 + \sum\limits_{j=1}^{n} \omega_j^2 \leq \sum\limits_{j=1}^{n}\big[\omega_j\sum\limits_{l=1,\,l \neq j}^{n} \xi_{jl}\omega_l\big] \leq 1 + \sum\limits_{j=1}^{n} \omega_j^2$$

将该式每个部分除以 2，再加 1，可以得到：$(1-\dfrac{1}{2}) + \dfrac{1}{2}\sum\limits_{j=1}^{n} \omega_j^2 \leq 1 + \dfrac{1}{2}\sum\limits_{j=1}^{n}\big[\omega_j\sum\limits_{l=1,\,l \neq j}^{n} \xi_{jl}\omega_l\big] \leq (1+\dfrac{1}{2}) + \dfrac{1}{2}\sum\limits_{j=1}^{n} \omega_j^2$，从不等式的左式可以得出：

$$P \geq \dfrac{1}{2} + \dfrac{1}{2}\sum\limits_{j=1}^{n} \omega_j^2 > 0$$

综上可知，$P > 0$，$\omega_j \geq 0$，$mobius_j = \dfrac{\omega_j}{P} \geq 0$。

（3）$\sum mobius_j + \sum mobius_{jl} = \sum \dfrac{mobiusj}{P} + \sum \dfrac{\xi_{jl}mobius_j mobius_l}{P} = \dfrac{1}{P}\big[\sum mobius_j + \sum \xi_{jl}mobius_j mobius_l\big] = 1$。

（4）$mobius_j + \sum\limits_{l \in K} mobius_{jl} = \dfrac{\omega_j}{P} + \sum\limits_{l \in K} \dfrac{\xi_{jl}\omega_j\omega_l}{P} = \dfrac{\omega_j}{P}\big[1 + \sum\limits_{l \in K} \xi_{jl}\omega_l\big]$。因为

$\xi_{ji} \in [-1, 1]$，$-(1-\omega_j) \leqslant \sum\limits_{j \in K} \xi_{jl}\omega_l \leqslant 1 - \omega_j$，故有：$\dfrac{\omega_j}{P}\left[1 + \sum\limits_{l \in K} \xi_{jl}\omega_l\right] \geqslant$

$\dfrac{\omega_j}{P}[1 - (1 - \omega_j)] \geqslant \dfrac{\omega_j^2}{P} \geqslant 0$，所以：$\sum mobius_j + \sum\limits_{l \in K} moibus_{ji}$，$\forall K \subset C$。

5.3.4 决策方法和决策步骤

设有 s 个决策者构成的集合 $DM = \{DM_k \mid k = 1, 2, \cdots, s\}$。决策者被邀请对 m 个方案构成的方案集 $A = \{A_i \mid i = 1, 2, \cdots, m\}$ 进行评价并选择最优方案，风险属性集 $C = \{C_i \mid i = 1, 2, \cdots, n\}$，其权重向量为 $\omega = (\omega_1, \omega_2, \cdots, \omega_n)$。三参数区间灰数语言变量 $h_{ij}^k = (t_{a_{ij}^k}, [\underset{\sim}{\otimes} h_{ij}^k, \otimes h_{ij}^k,$ $\overline{\otimes} h_{ij}^k])$ 是由第 k 个决策者 DM_k 针对风险属性 C_j 对第 i 个方案的评价信息。$T = \{t_a \mid a = 1, 2, \cdots, l\}$ 是一个有限且有序的离散术语集，这里 t_a 表示语言变量的可能值。则决策模型可以表示为：

Step 1　邀请决策者以三参数区间灰色语言变量的形式给出评价信息，初始决策矩阵为：$H^1 = (h_{ij}^1)_{m \times n}$，$H^2 = (h_{ij}^2)_{m \times n}$，$\cdots$，$H^k = (h_{ij}^k)_{m \times n}$。

Step 2　对初始决策矩阵：$H^1 = (h_{ij}^1)_{m \times n}$，$H^2 = (h_{ij}^2)_{m \times n}$，$\cdots$，$H^k = (h_{ij}^k)_{m \times n}$，进行聚集得到综合决策矩阵：$R = (r_{ij})_{m \times n}$，$r_{ij} = (t_{a_{ij}}, \underset{\sim}{\otimes} h_{ij}, \otimes$ $h_{ij}, \overline{\otimes} h_{ij})$。

Step 3　基于 Step 1 的初始决策矩阵数据，利用 5.2 节权重确定方法，确定各个风险属性的权重向量 $\omega = (\omega_1, \omega_2, \cdots, \omega_n)$，$\sum\limits_{j=1}^{n} \omega_j = 1$，$\omega_j \geqslant 0$。

Step 4　确定模糊测度。

Step 4.1　分析属性之间的交互度。经过协商讨论，决策者给出两个属性之间的交互度 $\xi_{lj}(l, j) \in n$，交互度的评分标准如表 5-2 所示。

表 5-2　属性 C_i 和 C_j 交互度 $\xi_{lj}(l, j) \in n$ 等级

交互关系	重复性				相互独立	互补性			
评语	极强	非常强	很强	强		极强	非常强	很强	强
评分	-0.9	-0.7	-0.5	-0.3	0	0.3	0.5	0.7	0.9

Step 4.2　根据式（5-22）计算 Mobius 变换系数。

Step 4.3　根据式（5-19）计算二阶可加模糊度。

Step 5　根据式（5-18）给出的精确函数，将综合决策矩阵 $R = (r_{ij})_{m \times n}$ 转化为精确函数矩阵 $Q = (q_{ij})_{m \times n}$。

Step 6　对精确函数矩阵 $Q = (q_{ij})_{m \times n}$ 进行标准化处理，根据式（5-20）计算相关度矩阵 γ。标准化公式如下：

$$y_{ij} = \frac{q_{ij} - \min_j q_{ij}}{\max_j q_{ij} - \min_j q_{ij}} \tag{5-23}$$

$$y_{ij} = \frac{\max_j q_{ij} - q_{ij}}{\max_j q_{ij} - \min_j q_{ij}} \tag{5-24}$$

Step 7　根据式（5-21）计算灰色关联模糊积分，并对方案进行排序。

5.4　算例应用

5.4.1　属性权重确定示例

本节对 5.2 节提出的属性确定方法进行示例说明和分析。首先给出如表 5-3 所示的犹豫模糊矩阵，单元格中数据表示方案关于属性的犹豫模糊数，为了计算方便，每个犹豫模糊元按增序排列（Kauffman & Songstad，2008）。

根据本书提出的决策方法，首先计算评价信息的可信度，这里取可信度调整系数 $\mu = 2$，得到可信度矩阵 L。

计算得到每个评价信息的可信度之后，利用算法 5-2，可以和决策矩阵组合，得到模糊综合决策矩阵 D_l。限于篇幅，仅以 A_1 方案在 C_1 下的形式举例说明，$h_{11} = \{(0.92, 0.3), (0.98, 0.4), (0.99, 0.5)\}$。

表 5-3 犹豫模糊矩阵

方案 \ 准则	C_1	C_2	C_3	C_4
A_1	{0.3, 0.4, 0.5}	{0.1, 0.7, 0.8, 0.9}	{0.2, 0.4, 0.5}	{0.3, 0.5, 0.6, 0.9}
A_2	{0.3, 0.5}	{0.2, 0.5, 0.6, 0.7, 0.9}	{0.1, 0.5, 0.6, 0.8}	{0.3, 0.4, 0.7}
A_3	{0.6, 0.7}	{0.6, 0.9}	{0.3, 0.5, 0.7}	{0.4, 0.6}
A_4	{0.3, 0.4, 0.7, 0.8}	{0.2, 0.4, 0.7}	{0.1, 0.8}	{0.6, 0.8, 0.9}
A_5	{0.1, 0.3, 0.7, 0.6, 0.9}	{0.4, 0.6, 0.7, 0.8}	{0.7, 0.8, 0.9}	{0.3, 0.6, 0.7, 0.9}

$$L = \begin{bmatrix} \{0.92,\ 0.98,\ 0.99\} & \{0.71,\ 0.99,\ 0.95,\ 0.89\} \\ \{0.92,\ 0.99\} & \{0.80,\ 0.99,\ 1.00,\ 0.99,\ 0.89\} \\ \{0.98,\ 0.93\} & \{1.00,\ 0.89\} \\ \{0.92,\ 0.98,\ 0.93,\ 0.84\} & \{0.80,\ 0.95,\ 0.99\} \\ \{0.73,\ 0.92,\ 0.93,\ 0.98,\ 0.73\} & \{0.95,\ 1.00,\ 0.99,\ 0.95\} \end{bmatrix}$$

$$\begin{matrix} \{0.90,\ 0.98,\ 1.00\} & \{0.86,\ 0.99,\ 1.00,\ 0.83\} \\ \{0.83,\ 1.00,\ 0.99,\ 0.93\} & \{0.86,\ 0.94,\ 0.98\} \\ \{0.95,\ 1.00,\ 0.97\} & \{0.94,\ 1.00\} \\ \{0.83,\ \ 0.93\} & \{1.00,\ 0.92,\ 0.83\} \\ \{0.97,\ 0.93,\ 0.87\} & \{0.86,\ 1.00,\ 0.98,\ 0.83\} \end{matrix}$$

决策模型的下一步需要计算每个属性的权重，根据本书提出的办法，需要先计算每个评价犹豫模糊元的信任量，才能得到最优信任向量，根据式（5-3）得到可信度矩阵每个元素包含的信任量，计算得到信任量矩阵 C_E。

$$C\_E = \begin{bmatrix} 0.9370 & 0.7894 & 0.9263 & 0.8521 \\ 0.9259 & 0.8743 & 0.8853 & 0.8576 \\ 0.9138 & 0.8923 & 0.9475 & 0.9396 \\ 0.8468 & 0.8362 & 0.7771 & 0.8474 \\ 0.7519 & 0.9416 & 0.8492 & 0.8474 \end{bmatrix}$$

最优信任向量为：

$l^+ = (\{0.92,\ 0.98,\ 0.99\},\ \{0.95,\ 1.00,\ 0.99,\ 0.95\},\ \{0.95,\ 1.00,\ 0.97\},\ \{0.94,\ 1\})$；

根据式（5-16），令风险偏好系数 $\eta = 0.5$，计算得到属性权重向量为：

$W = (0.0839,\ 0.2064,\ 0.3026,\ 0.4072)$

最后，利用式（5-1）对每个方案的所有评价信息进行聚集运算，得到每个方案的犹豫模糊元。

$CIHFWA(A_1) = \{0.20, 0.21, 0.22, 0.26, 0.27, 0.28, 0.29, 0.30, 0.31, 0.33, 0.34, 0.35, 0.36, 0.37, 0.38, 0.39, 0.40, 0.41, 0.42, 0.43, 0.44, 0.45, 0.46, 0.47, 0.48, 0.49, 0.50, 0.51, 0.52, 0.53, 0.54, 0.55, 0.56, 0.57, 0.58, 0.59, 0.60, 0.61, 0.62, 0.63, 0.64, 0.65, 0.66\}$。

$CIHFWA(A_2) = \{0.19, 0.21, 0.23, 0.25, 0.26, 0.27, 0.28, 0.30, 0.31, 0.32, 0.33, 0.34, 0.36, 0.37, 0.38, 0.39, 0.40, 0.41, 0.42, 0.43, 0.44, 0.45, 0.46, 0.47, 0.48, 0.49, 0.50, 0.51, 0.52, 0.53, 0.54, 0.55, 0.56, 0.57, 0.58, 0.60, 0.61, 0.62, 0.63, 0.64, 0.65, 0.67, 0.69, 0.71\}$。

$CIHFWA(A_3) = \{0.41, 0.42, 0.45, 0.46, 0.48, 0.50, 0.51, 0.52, 0.53, 0.54, 0.55, 0.57, 0.58, 0.61, 0.62, 0.63, 0.66, 0.67\}$。

$CIHFWA(A_4) = \{0.33, 0.34, 0.36, 0.37, 0.38, 0.39, 0.40, 0.41, 0.42, 0.43, 0.44, 0.46, 0.47, 0.49, 0.50, 0.51, 0.52, 0.53, 0.56, 0.57, 0.58, 0.59, 0.60, 0.61, 0.62, 0.63, 0.64, 0.66, 0.67, 0.69, 0.70, 0.71, 0.72, 0.73\}$。

$CIHFWA(A_5) = \{0.39, 0.41, 0.43, 0.44, 0.46, 0.47, 0.48, 0.49, 0.50, 0.51, 0.52, 0.53, 0.54, 0.55, 0.56, 0.57, 0.58, 0.59, 0.60, 0.61, 0.62, 0.63, 0.64, 0.65, 0.66, 0.67, 0.68, 0.69, 0.70, 0.71, 0.72, 0.73, 0.74, 0.75\}$。

根据式（5-4）得到每个方案包含可信度的综合得分，对方案进行排序。

$s(A_1) = 0.4458$；$s(A_2) = 0.4527$；$s(A_3) = 0.5394$；$s(A_4) = 0.5303$；$s(A_5) = 0.5829$。

通过以上的决策过程可以看出，计算得到的可信度具有一定的合理性。以属性 C_1 为例，方案 A_5 的评价信息是 $\{0.1, 0.3, 0.7, 0.6, 0.9\}$，为犹豫模糊元的形式，反映了专家意见的不一致，这个信息与群决策的决策过程相似，可以把 $\{0.1, 0.3, 0.7, 0.6, 0.9\}$ 看成是 5 位决策专家的评价信息，根据群决策的理论，在进行决策专家意见聚集时，按照一致性的原则，与群体意见差别较大的专家意见会被赋予较低的权重，A_5 在 C_1 的评价信息中，0.1 和 0.9 是两个与群体意见差别较大的信息，用本节给出的可信度计算方法计算得到的可信度为 0.73，这与群决策中的思想是一致的。

可信度调整系数 μ 的主要作用是控制可信度的波动范围，如图 5-2 所示。图 5-2（a）表示 $\mu=2$、$\eta=0.5$ 时属性 C_1 的风险云（云颗粒 $n=1000$），图中圆形表示 A_i（$i=1$，2，3，4，5）在属性 C_1 下决策者评价信息的可信度分布。图 5-2（b）表示 $\mu=3$、$\eta=0.5$ 时属性 C_1 的风险云（云颗粒 $n=1000$）。从图 5-2 中不难看出，当可信度调整系数 $\mu=2$ 时，评价信息的可信度分布区间大概为 [0.7，1]。当 $\mu=3$ 时，评价信息的可信度分布区间大概为 [0.5，1]。通过设置不同的系数，可以调整可信度的分布区间。

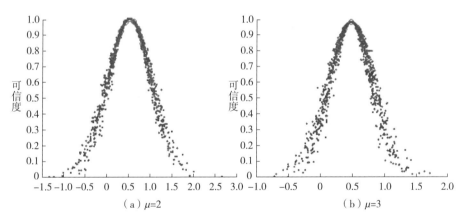

（a）$\mu=2$　　　　　　　　　　（b）$\mu=3$

图 5-2　C_1 的风险云

风险偏好系数 η 的主要作用是在计算犹豫模糊元之间的距离时，补充元素较少的犹豫模糊元，如图 5-3 所示。例如，C_1 属性中方案 A_4 的评价信息 {0.92，0.98，0.99} 包含的信任量最大，当计算方案 A_2 在 C_1 上的评价信息与其存在距离时，需要对 A_2 的评价信息 {0.92，0.99} 添加数据，风险中立型取 $\eta=0.5$，则应该添加 0.955，乐观型则取 $\eta=1$，应添加 0.99。通过设置不同的 η 值，可以发现，该系数对属性值影响不大。

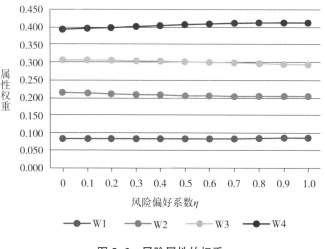

图 5-3　风险属性的权重

5.4.2　大数据服务供应商选择案例

　　某软件公司计划从四个大数据服务供应商中选择一家作为大数据服务提供商，$A = \{A_i \mid i = 1, 2, 3, 4\}$，该软件公司选择了四个风险评价属性，包括合同风险 C_1、数据风险 C_2、管理风险 C_3 和其他风险 C_4。由来自法律、大数据技术、云计算领域的三位评价专家构成了决策组，$DM = \{DM_1, DM_2, DM_3\}$。

　　Step 1　三位决策者使用三参数区间灰数 $h_{ij}^k = (t_{a_{ij}^k}, [\otimes h_{ij}^k, \otimes h_{ij}^k, \overline{\otimes} h_{ij}^k])$ 的形式给出各自的评价信息，本书使用 9 级评价表（见表 5-4）表示决策评价偏好。

表 5-4　9 级评价表

等级	t_1	t_2	t_3	t_4	t_5	t_6	t_7	t_8	t_9
偏好	极差	非常差	差	稍差	中	稍好	好	非常好	极好

　　初始决策矩阵 $H^1 = (h_{ij}^1)_{4 \times 4}$，$H^2 = (h_{ij}^2)_{4 \times 4}$，$H^3 = (h_{ij}^3)_{4 \times 4}$。如表 5-5 至表 5-7 所示。

表 5-5　DM_1 评价信息

	C_1	C_2	C_3	C_4
A_1	$[t_3, (0.35, 0.4, 0.6)]$	$[t_2, (0.15, 0.5, 0.65)]$	$[t_4, (0.5, 0.75, 0.9)]$	$[t_6, (0.55, 0.65, 0.7)]$
A_2	$[t_2, (0.45, 0.55, 0.8)]$	$[t_4, (0.3, 0.35, 0.55)]$	$[t_5, (0.15, 0.3, 0.5)]$	$[t_5, (0.3, 0.5, 0.75)]$
A_3	$[t_4, (0.1, 0.15, 0.4)]$	$[t_4, (0.25, 0.6, 0.8)]$	$[t_8, (0.3, 0.45, 0.65)]$	$[t_3, (0.35, 0.45, 0.6)]$
A_4	$[t_6, (0.55, 0.75, 0.9)]$	$[t_6, (0.3, 0.55, 0.65)]$	$[t_5, (0.2, 0.5, 0.65)]$	$[t_3, (0.65, 0.7, 0.75)]$

表 5-6　DM_2 评价信息

	C_1	C_2	C_3	C_4
A_1	$[t_7, (0.35, 0.55, 0.7)]$	$[t_5, (0.5, 0.55, 0.8)]$	$[t_6, (0.3, 0.5, 0.65)]$	$[t_5, (0.25, 0.4, 0.75)]$
A_2	$[t_5, (0.35, 0.45, 0.6)]$	$[t_4, (0.25, 0.55, 0.7)]$	$[t_7, (0.25, 0.4, 0.65)]$	$[t_5, (0.5, 0.75, 0.8)]$
A_3	$[t_2, (0.2, 0.5, 0.75)]$	$[t_4, (0.4, 0.6, 0.65)]$	$[t_5, (0.25, 0.55, 0.6)]$	$[t_6, (0.15, 0.4, 0.65)]$
A_4	$[t_2, (0.3, 0.45, 0.55)]$	$[t_7, (0.15, 0.3, 0.5)]$	$[t_8, (0.45, 0.65, 0.8)]$	$[t_3, (0.6, 0.7, 0.85)]$

表 5-7　DM_3 评价信息

	C_1	C_2	C_3	C_4
A_1	$[t_6, (0.25, 0.6, 0.75)]$	$[t_3, (0.35, 0.5, 0.65)]$	$[t_3, (0.15, 0.25, 0.4)]$	$[t_8, (0.35, 0.55, 0.6)]$
A_2	$[t_1, (0.1, 0.35, 0.6)]$	$[t_5, (0.25, 0.4, 0.55)]$	$[t_4, (0.3, 0.35, 0.5)]$	$[t_6, (0.4, 0.45, 0.7)]$

	C_1	C_2	C_3	C_4
A_3	$[t_7, (0.25, 0.5, 0.7)]$	$[t_3, (0.55, 0.6, 0.75)]$	$[t_7, (0.35, 0.55, 0.7)]$	$[t_3, (0.5, 0.55, 0.85)]$
A_4	$[t_3, (0.3, 0.35, 0.45)]$	$[t_3, (0.45, 0.6, 0.65)]$	$[t_4, (0.0, 0.45, 0.55)]$	$[t_7, (0.2, 0.3, 0.65)]$

表 5-8 综合评价矩阵

	C_1	C_2	C_3	C_4
A_1	$[t_{5.3}, (0.35, 0.6, 0.75)]$	$[t_{3.3}, (0.5, 0.55, 0.8)]$	$[t_{4.3}, (0.5, 0.75, 0.9)]$	$[t_{6.3}, (0.55, 0.65, 0.75)]$
A_2	$[t_{2.7}, (0.45, 0.55, 0.8)]$	$[t_{4.4}, (0.3, 0.55, 0.7)]$	$[t_{5.3}, (0.3, 0.4, 0.65)]$	$[t_{3.7}, (0.5, 0.75, 0.8)]$
A_3	$[t_{4.3}, (0.25, 0.5, 0.7)]$	$[t_{3.3}, (0.55, 0.6, 0.8)]$	$[t_{6.7}, (0.35, 0.55, 0.7)]$	$[t_4, (0.5, 0.55, 0.85)]$
A_4	$[t_{3.6}, (0.55, 0.75, 0.9)]$	$[t_7, (0.45, 0.6, 0.65)]$	$[t_{5.7}, (0.45, 0.65, 0.8)]$	$[t_{4.3}, (0.65, 0.7, 0.85)]$

Step 2　根据 5.3.2 节运算规则和扩张原理, 对初始矩阵进行聚集, 可以得到如表 5-8 所示的综合决策矩阵 $R = (r_{ij})_{4 \times 4}$。

Step 3　根据 5.2 节提出的属性确定方法, 计算可得: $\omega_1 = 0.3216$, $\omega_2 = 0.2128$, $\omega_3 = 0.2674$, $\omega_4 = 0.1982$。

Step 4　计算二阶可加模糊度。

Step 4.1　经过协商, 三位决策者给出了任意两个属性之间的交互度得分, 交互度得分如表 5-9 所示。

表 5-9　交互度得分

$\{C_1, C_2\}$	$\{C_1, C_3\}$	$\{C_1, C_4\}$	$\{C_2, C_3\}$	$\{C_2, C_4\}$	$\{C_3, C_4\}$
-0.65	-0.4	-0.55	0.85	0.55	0.65

Step 4.2　根据式 (5-22), 计算得到其 Mobius 变换系数, 如表 5-10 所示。

表 5-10　Mobius 变换系数

$\{C_1\}$	$\{C_2\}$	$\{C_3\}$	$\{C_4\}$	$\{C_1, C_2\}$	$\{C_1, C_3\}$	$\{C_1, C_4\}$	$\{C_2, C_3\}$	$\{C_2, C_4\}$	$\{C_3, C_4\}$
0.324	0.215	0.27	0.2	-0.045	-0.035	-0.035	0.049	0.023	0.035

Step 4.3　根据式 (5-19), 二阶可加模糊度计算结果如表 5-11 所示。

表 5-11　二阶可加模糊度

K	g	K	g	K	g	K	g
$\{\varphi\}$	0	$\{4\}$	0.2	$\{2, 3\}$	0.534	$\{1, 2, 3\}$	0.682
$\{1\}$	0.324	$\{1, 2\}$	0.494	$\{2, 4\}$	0.438	$\{1, 3, 4\}$	0.759
$\{2\}$	0.215	$\{1, 3\}$	0.559	$\{3, 4\}$	0.505	$\{2, 3, 4\}$	0.792
$\{3\}$	0.270	$\{1, 4\}$	0.489	$\{1, 2, 3\}$	0.778	$\{1, 2, 3, 4\}$	1

Step 5　根据式 (5-19), 计算得到精确矩阵 $Q = (q_{ij})_{4 \times 4}$。

Step 6　标准化精确矩阵, 计算其关联度矩阵。

$$Q = \begin{bmatrix} 3.710 & 2.392 & 2.687 & 4.252 \\ 1.957 & 3.117 & 4.240 & 2.312 \\ 3.225 & 2.310 & 4.857 & 2.900 \\ 2.312 & 4.900 & 3.847 & 2.795 \end{bmatrix}$$

$$\gamma = \begin{bmatrix} 1 & 0.340 & 0.333 & 1 \\ 0.333 & 0.420 & 0.637 & 0.333 \\ 0.643 & 0.333 & 1 & 0.418 \\ 0.385 & 1 & 0.518 & 0.399 \end{bmatrix}$$

Step 7 根据式（5-21），计算各个候选方案的灰色关联模糊积分。

$$\int \gamma(Y_0, Y_1) dg = 0.6605, \int \gamma(Y_0, Y_2) dg = 0.4396$$

$$\int \gamma(Y_0, Y_3) dg = 0.6196, \int \gamma(Y_0, Y_4) dg = 0.5632$$

综上所述，可以获得四个大数据服务供应商的风险排列结果为 $A_3 < A_1 < A_4 < A_2$。

5.4.3　结果比较分析

根据常志朋和程龙生（2015）提供的方法，可以得到：$z_1 = 0.4018$，$z_2 = 0.2034$，$z_3 = 0.3816$，$z_4 = 0.2759$。四个供应商的风险评估结果为：$A_1 < A_3 < A_4 < A_2$。其最好的结果与本书计算的结果不同，造成这种差异的主要原因是属性之间的重叠信息。Torabi 等（2013）没有考虑和去除属性之间的交互关系。在本书给出的例子中，属性管理风险和数据风险之间存在强烈的相关关系，管理上的不足常常会导致数据风险的发生，因此，本书提供的方法要更为合理。根据 Li C 等（2017）的计算方法，可以得到：$V_1^* = -0.884$，$V_2^* = -1.416$，$V_3^* = -0.626$，$V_4^* = -1.257$，最终的排列结果为 $A_3 < A_1 < A_4 < A_2$，最好的方案仍然为 A_2，该文献给出的方法利用前景理论结合三参数区间灰数语言变量，计算过程依赖于价值函数。但是，根据可能性函数计算价值函数的过程比较复杂，需要大量的计算和复杂的比较过程，相比较而言，本节提出的方法更易于应用。

5.5　本章小结

　　本节基于对大数据服务架构和运行特点的分析,从服务合同、数据隐私、管理和其他四个方面总结了大数据服务的四类风险。从信任量角度提出了一种属性权重的确定方法。组合了灰色语言变量和三参数区间灰数,提出了利用三参数区间灰数表达语言变量的不确定性,并且给出了相应的定义和运算规则。考虑到实际决策过程中属性的交互关系,本章在决策模型中引入了灰色积分理论和 Mobius 变换系数,提出了一种新的基于投影理论和灰色模糊积分的三参数区间语言变量的多属性决策模型,并将其应用到大数据服务供应商选择的风险评估问题中。

第❻章
信息链视角云环境下
大数据服务风险优化决策模型

前几章聚焦于云环境下大数据服务存储期、服务期和选择期不同的运行方式和特点，总结了每个阶段的风险因素，基于风险元传递理论提出了每个阶段的风险传递模型。从研究视角来看，前几章聚焦于大数据服务的不同阶段，以微观视角对待风险管理问题。本章延伸了研究视角，将其拓展到更广的视域，从信息链的视角处理大数据服务整体风险的动态性、传递性。通过分析大数据在不同环境的流动过程和大数据服务的工作方式，提出了大数据服务生命周期的概念和分类，并对生命周期的传递性风险计算提出了相应的模型。

6.1 信息链视角下大数据服务风险投资决策模型

6.1.1 广义证据理论

证据理论（Dempster-Shafer Evidence Theory）也称为信度函数或者 D-S 理论，是一种处理不确定性问题的完整理论，能够同时兼顾事物的客观性和人类估计的主观性，还能强调人类对事物估计的主观性，其对不确定性信息的描述采用"区间估计"而非"点估计"，可以综合不同数据源或专家的知识数据，在描述不确定问题方面有很大的灵活性。

证据理论基础包括信任函数、分配函数、似然函数和 Dempster 合成规则（李文立和郭凯红，2010）。

定义 6-1（*mass* 函数） 设 $\Omega = \{x_1,\ x_2,\ \cdots,\ x_i,\ \cdots,\ x_N\}$ 是 N 个相互独立互斥的事件，Ω 为识别框架，*mass* 函数负责分配识别框架内每个元素的基本概率，其为识别空间幂集到 $[0,\ 1]$ 区间的映射，表示为 m：$2^\Omega \to [0,\ 1]$，同时满足下列条件：

$$\sum_{A \in 2^\Omega} m(A) = 1, m(\varnothing) = 0$$

在 D-S 理论中，*mass* 函数也称为基本概率分配（Basic Probability Assignment，BPA）或者基本置信分配（Basic Belief Assignment，BBA）。

信任函数（Belief Function）表示为 Bel：$2^\Omega \to [0,\ 1]$，定义为：

$$Bel(A) = \sum_{B \subseteq A} m(B)$$

似然函数（Plausibility Function）表示为 Pl：$2^\Omega \to [0,\ 1]$，定义为：

$$Pl(A) = 1 - Bel(\bar{A}) = \sum_{B \cap A \neq \varnothing} m(B)$$

其中，$\bar{A} = \Omega - A$。

定义 6-2（Dempster 组合规则） 假设识别框架上有两个独立的 *mass* 函数 m_1 和 m_2，Dempster 组合规则表示为 m_1 和 m_2 的正交和 $m = m_1 \oplus m_2$，定义如下：

$$m(A) = \begin{cases} \dfrac{1}{1 - K} \sum_{B \cap C = A} m_1(B) m_2(C) & A \neq 0 \\ 0 & A = 0 \end{cases}$$

$$K = \sum_{B \cap C = \varnothing} m_1(B) m_2(C) \tag{6-1}$$

然而，经典的证据理论中的主要问题是，随着识别框架内元素数量的增多，计算的复杂性也在急剧增长。另一个问题是可能会发生证据冲突的情况，导致融合的结果与预期正好相反。对于第一个问题，学者们提出了近似算法解决计算的复杂性。针对第二个问题，学者们从可传递信度模型（Transferable Belief Model，TBM）和 Dezert-Smarandache（DSmT）理论两个方面进行解决。TBM 尝试将识别框架从封闭世界（Close World）扩展到开放世界（Open World），但其应用仍然在封闭世界中。DSmT 提出了解决冲突的思路，但仍然保持比较高的计算复杂性，在低冲突的场景下劣于经典的证据理论。基于这些分析，Deng（2015）提出了广义证据理论，将证据理论从封闭世界扩展到开放世界。和经典证据理论相比，其最重要的改变是允许 *mass* 函数对空集合的取值不为零，这打破了经典证据理论

$m(\varnothing)=0$ 的强制条件，也就是允许对识别框架中不存在的事件分配基本概率，承认识别框架的不完整性。例如，在军事应用中，识别框架中包含三个目标 $\{a, b, c\}$，根据经典的证据理论，作为证据来源的传感器必须从这三个目标的不同组合中进行识别，如果存在一个新的目标 d，传感器无法识别其是否为前面三个目标之一。在 Deng 提出的方法中，识别框架从封闭世界 Ω 扩展到开放世界 U，mass 函数、信任函数和似然函数也进行了相应的修改和扩充。

广义 mass 函数：$2^U \rightarrow [0, 1]$，满足 $\sum\limits_{A \in 2^U} m(A) = 1$。

广义信任函数：$Bel(A) = \sum\limits_{B \subseteq A} m(B)$，且 $Bel(\varnothing) = m(\varnothing)$。

广义似然函数：$Pl(A) = 1 - Bel(\bar{A}) = \sum\limits_{B \cap A \neq \varnothing} m(B)$，且 $Pl(\varnothing) = m(\varnothing)$。

这里的 $\varnothing$ 不是普通的空集，表示识别框架以外的焦元或焦元的组合。

在广义证据理论中，两个空集的交集仍然是空集，即 $\varnothing_1 \cap \varnothing_2 = \varnothing$，给定两个广义 mass 函数 m_1 和 m_2，广义组合规则（Generalized Combination Rule，GCR）定义如下：

$$m(A) = \frac{(1 - m(\varnothing)) \sum\limits_{B \cap C = A} m_1(B) m_2(C)}{1 - K}$$

$$K = \sum\limits_{B \cap C = \varnothing} m_1(B) m_2(C)$$

$m(\varnothing) = m_1(\varnothing) m_2(\varnothing)$；$m(\varnothing) = 1$，当且仅当 $K=1$。

6.1.2　演化熵和风险熵

在热力学物理系统中，只有外界能量的介入才会使熵值减小，否则熵值总是随着时间的推移单调递增，即满足"熵增原理"。贾增科等（2009）研究了风险、熵和信息之间的内在联系，得出了信息可以减少风险且熵与风险存在对应关系的结论。在该研究中讨论了风险和熵之间的关系，熵会随着系统的发展不断增大，即系统的不确定性和无序性会不断增大，那么系统的风险也会随之增大，这也是导致系统风险增加的内在原因。系统的熵和系统风险存在 $R=f(H)$ 递增函数关系，根据耗散结构理论（程结晶等，2018）可知，如果想让系统从较高的不确定性变化为较低的不确定性, 从无序变为有序, 必须减少系统的总熵, 也就是输入负熵流。风险管理可以控制和减少系统的风险, 也可以被看作一种负熵流。

风险是客观存在并且动态变化的, 也是一个描述系统状态的变量, 这点和熵的思想是一致的。例如, 如果没有任何描述系统是否处于某种风险状态的相关信息, 则风险发生和不发生的概率都可以认为是 50%, 此时系统的熵最大。随着相关信息的增多, 就可以对系统风险有更多的认识, 风险发生的概率向 0 或 1 靠近, 系统的熵也在减少。每种风险状态对应一个熵, 根据系统熵的变化可以推演系统风险变化规律, 为实现系统的动态风险管理提供重要依据。在大数据服务系统中, 熵和风险也存在着对应关系。

在本节中, 把识别出的每个周期风险因素看作识别框架, 每个专家指定的基本概率分配为不同的证据, 通过融合专家的知识信息来进行风险评价。

在信息论中, 信息和熵分别用来表示系统有序和无序程度 (不确定程度) 的量度。从系统角度来看, 系统 X 所包含的信息量大小 H (信息熵) 与系统的状态概率 P 有密切关系。设系统的状态集 $\{x_1, x_2, \cdots, x_n\}$ 中每个状态对应的概率分别为 $p_1, p_2, \cdots, p_n$, 同时 $\sum_{i=1}^{n} p_i = 1$, 则系统 X 的信息熵为:

$$H[X] = H(p_1, p_2, \cdots, p_n) = -\sum_{i=1}^{n} p_i \log_b^{p_i} \qquad (6-2)$$

其中, n 是状态空间基本状态的数量。当 $b = 2$ 时, 信息上的单位是 bit。作为信息熵的扩展, Deng 提出了一种新的信度熵 (Deng Entropy), 并应用在了多个领域 (Tang Y et al., 2017)。Deng 熵是一种有效度量信息不确定性的数学工具, 因为不确定信息可以使用 BPA 表示, 所以可以用在证据理论中。

定义 6-3 (Deng 熵) 设识别框架 $\Omega = \{x_1, x_2, \cdots, x_i, \cdots, x_N\}$, 其幂集为 2^Ω, $A \in 2^\Omega$ 称为假设或命题, A 的基本信度分配函数为 m, 则 m 的 Deng 熵 $H_d(m)$ 定义如下:

$$H_d(m) = -\sum_{A \in \Omega} m(A) \log \frac{m(A)}{2^{|A|} - 1} \qquad (6-3)$$

其中, $|A|$ 是命题 A 的基数。当信度被分配到单目标时, $|A| = 1$,

Deng 熵退化为信息熵。

$$H_d(m) = -\sum_{A \in \Omega} m(A) \log \frac{m(A)}{2^{|A|} - 1} = -\sum_{A \in \Omega} m(A) \log m(A)$$

可以看出，命题 A 的基数越大，则证据的 Deng 熵也越大，这意味着证据中包含了更多的信息。当一个证据有较大的 Deng 熵时，表示它得到了其他证据更好的支持，在最终的融合中扮演着更重要的角色。除 Deng 熵之外，还有几种描述不确定性程度的方式（见表 6-1），Deng 熵和其他不确定性测度的数学公式相比，具有更好的描述优势。

表 6-1　几种常用的不确定性测度

不确定性测度	定义
Hohle's confusion measure	$C_H(m) = -\sum_{A \subseteq X} m(A) \log_2 Bel(A)$
Yager's dissonance measure	$E_Y(m) = -\sum_{A \subseteq X} m(A) \log_2 Pl(A)$
Dubois & Prade's weighted Hartley entropy	$E_{DP}(m) = \sum_{A \subseteq X} m(A) \log_2 |A|$
Klir & Parviz's strife measure	$S_{KP}(m) = -\sum_{A \subseteq X} m(A) \sum_{B \subseteq X} m(B) \frac{|A \cap B|}{|A|}$
George & Pal's total conflict measure	$D_{KR}(m) = -\sum_{A \subseteq X} m(A) \sum_{B \subseteq X} m(B) \left(1 - \frac{|A \cap B|}{|A \cup B|}\right)$

Deng 熵扩展到 Open 世界的 E_{ow} 公式如下：

$$E_{ow}(m) = -\sum_{A \subseteq X} m(A) \log_2 \frac{m(A)}{2^{(|A| + \lceil m(\emptyset)|X|\rceil)} - 1}$$

其中，$\lceil x \rceil$ 表示"天棚函数"，即不小于 x 的最小整数。在 Open 世界中，当 $m(\emptyset) \neq 0$ 时，可以将空集的 mass 函数看作识别框架是否完整的指示器，$\lceil m(\emptyset)|X|\rceil$ 用来表示这种不确定性，突破了以往不确定测度的不足。

范建华（2011）基于"熵"的相关理论，提出信息系统"风险熵"研究信息系统风险评估定量分析方法。本书借鉴熵的泛化应用思路，将信息系统研究领域风险熵的理论和概念推广到大数据服务系统领域，构建动态风险评估模型。

定义 6-4　云环境下大数据服务风险进化熵是指在大数据服务整个生命周期内的演化过程中，各周期内对应的风险因素对这个大数据服务系统影响的不确定性、无序性的影响测度。

在熵理论中，首先需要确定系统包含的状态空间。

其中，$0 \leqslant p(x_1^t) \leqslant 1$，$\sum_{i=1}^{n} p(x_i^t) = 1$。在该数学模型中，$X^t$ 表示大数据服务系统在 t 时刻可能面临的风险因素，x_i^t 表示上文识别的风险因素，$p(x_i^t)$ 表示第 i 个风险的确知度，即评估专家选择该风险因素的概率统计。如果各个风险因素被专家选中的概率越接近，意味着专家无法确定哪个风险因素是 t 时栅片段的关键风险因素，则该时栅的风险越难以防范，发生的可能性就越大。

令 $R = (1 + r)^{t-1}$，则在封闭世界，即不考虑未纳入识别框架的风险元时，时栅区间 t 的信息熵（Information Entropy）s_{ct} 和演化熵（Evolution Entropy）e_{ct} 分别为：

$$s_{ct} = - \sum_{j=1}^{n} p_{t,j} \ln p_{t,j} \tag{6-4}$$

$$e_{ct} = - \sum_{j=1}^{n} (p_{t-1,j})^R \ln (p_{t-1,j})^R \tag{6-5}$$

其中，T 为大数据服务生命周期长度，可划分为不同阶段，t 表示某个时栅片段。n 表示 t 周期内识别的风险元个数，R 表示技术进步系数，可以为负值。p_{tj} 表示由评估专家给出的 t 时栅片段各个风险元的确认度，当 $p_{t1} = p_{t2} = \cdots = p_{tn}$ 时，s_t 最大，表示专家给出的各个风险元的确认度相等，无法确定关键风险元。

则在封闭世界场景下，时栅片段 t 的风险熵为：

$$r_{ct} = s_{ct} + e_{ct} = - \sum_{j=1}^{n} p_{t,j} \ln p_{t,j} - \sum_{j=1}^{n} (p_{t-1,j})^R \ln (p_{t-1,j})^R \tag{6-6}$$

当识别空间扩展到开放世界时，系统的信息熵（Risk Entropy）s_{ot} 和演化熵（Evolution Entropy）e_{ot} 分别为：

$$s_{ot} = E_{ow}(m) = - \sum_{A \subseteq X^t} m^t(A) \log_2 \frac{m^t(A)}{2^{(|A| + \lceil m^t(\varnothing) |X|\rceil)} - 1} \tag{6-7}$$

$$e_{ot} = - \sum_{A \subseteq X^{t-1}} (m^{t-1}(A))^R \log_2 \frac{(m^{t-1}(A))^R}{2^{(|A| + \lceil m^{t-1}(\varnothing) |X|\rceil)} - 1} \tag{6-8}$$

其中，$m^t(A)$ 表示时栅片段 t 内指定的对风险元 A 的基本概率分配函数，其他参数同封闭世界的相关定义。

则在开放世界场景下，时栅片段 t 的风险熵为：

$$r_{ot} = s_{ot} + e_{ot} = -\sum_{A \subseteq X^t} m^t(A) \log_2 \frac{m^t(A)}{2^{(|A| + \lceil m^t(\varnothing) | X | \rceil)} - 1} - \sum_{A \subseteq X^{t-1}} (m^{t-1}(A))^R$$

$$\log_2 \frac{(m^{t-1}(A))^R}{2^{(|A| + \lceil m^{t-1}(\varnothing) | X | \rceil)} - 1}$$

根据以上各式可得，大数据服务系统的总风险熵 R_{ot} 为 T 时刻的风险熵。

$$H_R(x) = H(p(x_1^t), p(x_2^t), \cdots, p(x_n^t)) = -k \sum_{i=1}^{n} p(x_i^t) \log p(x_i^t)$$

$$(6-9)$$

其中，系数 K 是玻耳兹曼常量，为非负数，取决于系统的度量单位。

6.1.3 计算过程和投资决策

本节以 4 位专家评估过程为例，运用广义证据理论和 Deng 熵概念，将多个专家的风险评估合成过程如下：

6.1.3.1 定义识别框架

设 T 是大数据服务系统信息链的长度，$t = 1, 2, \cdots, T$ 表示用时栅片段对 T 的划分区间，在本节中，$T = 3$。$X^t = \{x_1^t, x_2^t, \cdots, x_n^t\}$ 表示时栅区间 t 的风险空间，x_i^t 为风险元。对于每个时栅片段（存储期、服务期和选择期），专家使用语言值来表达风险强度，语言值集合即 {无，很弱，强，很强，极强}。然后，对语言评价值进行模糊化，映射到 [0, 1]。

{无，很弱，弱，强，很强，极强} → {0, 0.2, 0.4, 0.6, 0.8, 1}

6.1.3.2 基本概率分配

大数据服务系统 3 个时栅片段的风险空间分别为：

$X^1 = \{$数据风险（R_{11}）、技术风险（R_{12}）、非技术风险（R_{13}）、$\varnothing\}$

$X^2 = \{$数据处理风险（R_{21}）、数据挖掘风险（R_{22}）、数据管理风险（R_{23}）、$\varnothing\}$

$X^3 = \{$服务合同风险（R_{31}）、隐私风险（R_{32}）、管理风险（R_{33}）、其他风险（R_{34}）、$\varnothing\}$。

其中 $\oslash$ 表示所有的不在风险空间内的风险元表征。

邀请专业领域专家根据其知识和经验，使用语言值对每个时栅片段 t 中的风险元指定一个基本信度分配 m_i，则可以得到专家的基本信度分配矩阵为：

$$\begin{pmatrix} X^t \\ m_1 \\ m_2 \\ m_3 \\ m_4 \end{pmatrix} = \begin{pmatrix} x_1^t & \cdots & x_i^t & \cdots & x_n^t & \oslash \\ m_1(x_1^t) & \cdots & m_1(x_i^t) & \cdots & m_1(x_n^t) & m_1(\oslash) \\ m_2(x_1^t) & \cdots & m_2(x_i^t) & \cdots & m_2(x_n^t) & m_2(\oslash) \\ m_3(x_1^t) & \cdots & m_3(x_i^t) & \cdots & m_3(x_n^t) & m_3(\oslash) \\ m_4(x_1^t) & \cdots & m_4(x_i^t) & \cdots & m_4(x_n^t) & m_4(\oslash) \end{pmatrix}$$

在时栅片段 t 内，假设专家对第 i 个风险元的强度评估值为 0.5，根据如图 6-1 所示的隶属度函数进行计算可以得到，评估值落在弱和强共同范围内，其信度可以分配为 $m = [0, 0, 0.5, 0.5, 0, 0]$。

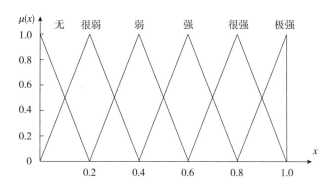

图 6-1　隶属度函数

6.1.3.3　证据的合成

首先，根据 $K = \sum_{B \cap C = \oslash} m_1(B) m_2(C)$ 进行专家意见的冲突判断，如果条件满足，则按公式 $m(\oslash) = m_1(\oslash) m_2(\oslash)$ 和 $m(A) = \dfrac{(1 - m(\oslash) \sum_{B \cap C = A} m_1(B) m_2(C)}{1 - K}$ 进行专家证据合成。

表 6-2　数据风险评估矩阵

状态	0	0.2	0.4	0.6	0.8	1
m_1	0	0.6	0.4	0	0	0
m_2	0	0	0.86	0.14	0	0
m_3	0	0.68	0.32	0	0	0
m_4	0	0	0.82	0.18	0	0

在证据融合时，当专家意见高度冲突时，利用合成规则进行证据集结可能会产生与直觉相悖的结论（Lefevre & Colot，2002）。众多学者利用证据距离、证据可信度、证据相似度、支持度、冲突系数等方法度量证据的一致性。因为关于风险元评估的识别空间焦元彼此距离较大，更易于发生证据冲突，例如，两位专家分别选择了很弱和强，则融合的结果会产生严重的失真。本书采用毕文豪等（2016）提出的冲突处理方法解决该问题。主要实现步骤如下：

计算单子集焦元的 Pignistic 概率函数：$P_m(x_i) = \sum_{x_i \in A_k} \dfrac{m(A_k)}{|A_k|}$。则经 Pignistic 概率函数基本信度分配 $m_i = (p_m(x_1)，\cdots，p_m(x_n))$。

根据两个证据的相似性测度公式：

$$\mathrm{sim}(m_1，m_2) = \frac{\sum\limits_{i=1}^{n} m_1(A_i) \times m_2(A_i)}{\sum\limits_{i=1}^{n} m_1(A_i)^2 + \sum\limits_{i=1}^{n} m_2(A_i)^2 - \sum\limits_{i=1}^{n} m_1(A_i) \times m_2(A_i)}$$

（6-10）

计算证据的两两相似度矩阵 $\mathrm{SIM}_{N \times N}$，$N$ 为证据的个数。

确定所有证据对 i 的支持度和可信度为：

$$\mathrm{Sup}(m_i) = \sum_{j=1, j \neq i}^{N} \mathrm{sim}(m_i，m_j)，\ i = 1，2，\cdots，N \qquad (6\text{-}11a)$$

$$Cred_i = \frac{\mathrm{Sup}(m_i)}{\max\limits_{1 \leq i \leq N} [\mathrm{Sup}(m_i)]} \qquad (6\text{-}11b)$$

对基本信度分配进行修正：

$$\begin{cases} \tilde{m}_i(A_i) = Cred_i m_i(A_i) , \quad A_i \neq \Theta \\ \tilde{m}_i(\Theta) = Cred_i m_i(\Theta) + (1 - Cred_i) \end{cases}$$

根据此方法，4位专家给出数据风险元相似度矩阵为：

$$SIM = \begin{bmatrix} 1 & 0.3678 & 0.7212 & 0.3657 \\ 0.3678 & 1 & 0.2624 & 0.9956 \\ 0.7212 & 0.2624 & 1 & 0.2605 \\ 0.3657 & 0.9956 & 0.2605 & 1 \end{bmatrix}$$

修正后的评估矩阵如表6-3所示。

表6-3　修正后的数据风险评估矩阵

状态	0	0.2	0.4	0.6	0.8	1	Θ
m_1	0	0.537	0.358	0	0	0	0.105
m_2	0	0	0.86	0.14	0	0	0
m_3	0	0.52	0.245	0	0	0	0.235
m_4	0	0	0.818	0.18	0	0	0.002

由证据理论组合规则中参数 K 的计算公式可得 $K = 0.5871$，则 m_1 和 m_2 的合成结果如表6-4至表6-6所示。

表6-4　m_1 和 m_2 结果合成

状态	0	0.2	0.4	0.6	0.8	1	Θ
m_1	0	0.537	0.358	0	0	0	0.105
m_2	0	0	0.86	0.14	0	0	0
合成结果1	0	0	0.964	0.036	0	0	0

表 6-5　合成结果 1 和 m_3 结果合成

状态	0	0.2	0.4	0.6	0.8	1	Θ
合成结果 1	0	0.964	0.036	0	0	0	0
m_3	0	0.52	0.245	0	0	0	0.235
合成结果 2	0	0	0.982	0.018	0	0	0

表 6-6　合成结果 2 和 m_4 结果合成

状态	0	0.2	0.4	0.6	0.8	1	Θ
合成结果 2	0	0	0.982	0.018	0	0	0
m_4	0	0	0.818	0.18	0	0	0.002
合成结果 3	0	0	0.996	0.004	0	0	

合成结果为 $p(x_1) = 0.996 \times 0.4 + 0.004 \times 0.6 = 0.4$，其包含的自信息为 $I(x^1) = -\log_2 p(x_1)$，表示风险元 x_1 包含的风险量。

同样方法，让专家对时栅片段 t_1 内风险框架进行评估，按照上面的方法进行证据合成，可以得到风险框架内所有的风险确认度。详细的数据和计算过程同数据风险元计算过程，这里不再赘述。可以得到技术风险 R_{12} 的确认度为 0.135，非技术风险 R_{13} 的确认度为 0.265，∅ 的确认度为 0.043，进行归一化处理，可以得到：

$$\begin{pmatrix} X^1 \\ P \end{pmatrix} = \begin{pmatrix} R_{11} & R_{12} & R_{13} & \varnothing \\ 0.47 & 0.16 & 0.31 & 0.06 \end{pmatrix}$$

同理，可得另外两个时栅片段的所有风险确认度：

$$\begin{pmatrix} X^2 \\ P \end{pmatrix} = \begin{pmatrix} R_{21} & R_{22} & R_{23} & \varnothing \\ 0.32 & 0.18 & 0.342 & 0.158 \end{pmatrix}$$

$$\begin{pmatrix} X^3 \\ P \end{pmatrix} = \begin{pmatrix} R_{31} & R_{32} & R_{33} & R_{34} & \varnothing \\ 0.275 & 0.186 & 0.159 & 0.364 & 0.016 \end{pmatrix}$$

依次计算每个时栅片段的信息熵 s_{ot} 和演化熵 e_{ot}，并根据式（6-7）和式（6-8）可得式（6-12）：

$$r_{ot} = s_{ot} + e_{ot}$$

$$= -\sum_{A \subseteq X^t} m^t(A) \log_2 \frac{m^t(A)}{2^{(|A| + \lceil m^t(\varnothing) \, |X| \rceil)} - 1} -$$

$$\sum_{A \subseteq X^{t-1}} m^{t-1}(A) \, (1+r)^{t-1} \log_2 \frac{m^{t-1}(A) \, (1+r)^{t-1}}{2^{(|A| + \lceil m^{t-1}(\varnothing) \, |X| \rceil)} - 1}$$

$$(6\text{-}12)$$

以大数据服务选择阶段（t_2）为例，当进步系数由 0.2 提高到 0.3 时，在 1 个时栅间隔内，演化熵由 2.345 减到 1.817。设大数据云存储阶段数据价值为 M 元，该阶段所有风险元对数据价值的损害系数为 α，则风险元的单位损失为 $\dfrac{\alpha M}{\log_2 |X^2|}$，其中，$|X^2|$ 为大数据云存储阶段风险元空间的势。由此可以计算，技术进步系数从 0.2 提高到 0.3 时，带来的收益为 $C = (2.345 - 1.817) \dfrac{\alpha M}{\log_2 |X^2|}$。如果技术进步系数从 0.2 提高到 0.3 需要投入的成本为 V，则 $C > V$ 可作为是否进行风险防范投资的决策依据。风险熵计算过程如表 6-7 所示。

表 6-7　计算过程

阶段	风险熵计算
大数据服务存储期（t_1）	信息熵 $s_{o1} = 2.3453\text{bits}$，演化熵 $e_{o1} = 0$。风险熵 $r_{o1} = 2.3453\text{bits}$
大数据服务服务期（t_2）	信息熵 $s_{o2} = 2.5057\text{bits}$ 技术进步系数取 0.2，时栅相隔为 1，则数据收集和预处理阶段的熵发生熵减，演化熵 $e_{o2} = 1.987\text{bits}$
大数据服务选择期（t_3）	信息熵 $s_{o3} = 2.919\text{bits}$。演化熵有两个来源，分别是 t_1 和 t_2，则 t_3 阶段的演化熵 $e_{o3} = 1.594 + 1.998 = 3.592$

6.2 信息链视角下大数据服务风险优化模型

6.2.1 大数据服务重要性度量

本节提出的优化模型基于大数据服务的工作流（Big Data Process，BP）。在度量大数据服务重要性时，需要选择大数据工作流作为参照物。业务流程需要相应的大数据服务完成整个业务的执行，大数据服务（Big Data Service，BS）需要不同的数据集完成相应的服务功能，数据集需要存储服务（Storage Service，SS）提供数据管理功能，图6-2描述了大数据服务的框架。为了避免错误估计相对服务的重要性，该重要性度量包含几个公式，本书使用层次分析法确定服务的重要性，相对服务重要性基于以下三个服务重要性变量进行综合计算。

Θ_{km}：大数据服务 k 相对于业务流程 m 的基本重要性度量，由决策者确定。如果该重要性权重值为 1，表示若没有该服务支持，则业务流程 m 无法正常运行。如果权重值为 0，表示该服务只具有支持功能。

BPI_m：业务流程 m 的重要度。

Θ_k^{pre}：包括 Θ_{km} 和 BPI_m 两个重要性度量服务 k 的初始重要度。可以用式（6-13）进行计算。

$$\Theta_k^{rel} = \frac{1}{m}\sum_m \Theta_{km}BPI_m \qquad (6\text{-}13)$$

基于以上三个重要度度量，最后使用 Θ_k^{rel} 表示大数据服务 k 的相对重要度。该度量的计算公式为：

$$\Theta_k^{rel} = \max_k(\Theta_k^{pre}DP_{km}) \qquad (6\text{-}14)$$

在式（6-14）中，DP_B_{km} 表示大数据服务 k 和业务流程 m 之间的依赖参数，DP_F_{kf} 表示大数据服务 k 和大数据集 f 之间的依赖参数，DP_S_{fs} 表示大数据集 f 和存储服务 s 之间的依赖参数，这些依赖变量用二进制变

量 {1；0} 表示。

例 6-1　现在有 4 个业务流程 $BP = \{BP_1，BP_2，BP_3，BP_4\}$，3 个大数据服务 $BS = \{BS_1，BS_2，BS_3\}$，5 个大数据集 $f = \{f_1，f_2，f_3，f_4，f_5\}$，3 个部署在云平台上的存储服务 $SS = \{SS_1，SS_2，SS_3\}$，这 4 个集合之间的关系和关系矩阵可以表示为图 6-2 和表 6-8、表 6-9、表 6-10。

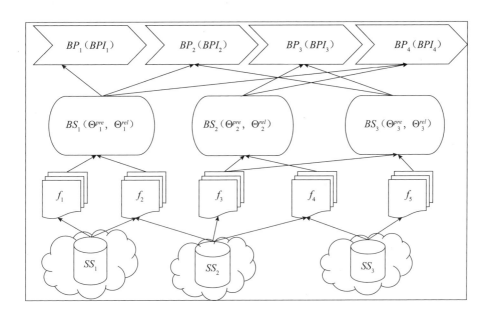

图 6-2　大数据服务和存储服务关系

表 6-8　大数据工作流和大数据服务关系矩阵

DP_B_{km}	BP_1	BP_2	BP_3	BP_4
BS_1	$DP\_B_{11} = 1$	$DP\_B_{12} = 1$	$DP\_B_{13} = 0$	$DP\_B_{14} = 1$
BS_2	$DP\_B_{21} = 0$	$DP\_B_{22} = 0$	$DP\_B_{23} = 1$	$DP\_B_{24} = 1$
BS_3	$DP\_B_{31} = 0$	$DP\_B_{32} = 1$	$DP\_B_{33} = 1$	$DP\_B_{34} = 0$

利用 AHP 的成对比较方法，可以计算出大数据服务和业务流程之间的影响关系，该方法不需要确定大数据服务支持的活动数量，也不需要知道支持的活动在业务流程的哪个阶段发生。Θ_{km} 也可以通过其他的替代方法进

行计算，例如 $SERVQUAL$ 模型和关键绩效指标法。

表6-9 大数据服务和数据文件关系矩阵

DP_F_{kf}	BS_1	BS_2	BS_3
f_1	$DP\_F_{11}=1$	$DP\_F_{12}=0$	$DP\_F_{13}=0$
f_2	$DP\_F_{21}=1$	$DP\_F_{22}=0$	$DP\_F_{23}=0$
f_3	$DP\_F_{31}=0$	$DP\_F_{32}=1$	$DP\_F_{33}=1$
f_4	$DP\_F_{41}=0$	$DP\_F_{42}=1$	$DP\_F_{43}=0$
f_5	$DP\_F_{51}=0$	$DP\_F_{52}=0$	$DP\_F_{54}=1$

表6-10 数据文件和存储服务关系矩阵

DP_S_{fs}	f_1	f_2	f_3	f_4	f_5
SS_1	$DP\_S_{11}=1$	$DP\_S_{12}=1$	$DP\_S_{13}=0$	$DP\_S_{14}=0$	$DP\_S_{15}=0$
SS_2	$DP\_S_{21}=0$	$DP\_S_{22}=1$	$DP\_S_{23}=1$	$DP\_S_{24}=1$	$DP\_S_{25}=0$
SS_3	$DP\_S_{31}=0$	$DP\_S_{32}=0$	$DP\_S_{33}=0$	$DP\_S_{34}=1$	$DP\_S_{35}=1$

6.2.2 信息链视角下大数据服务费用模型

本节将大数据服务费用模型按照周期划分为三个阶段，分别为存储期（ τ_0 ）、服务期（ τ_1 ）和选择期（ τ_2 ），即大数据服务的费用模型由三个阶段的总成本构成。

6.2.2.1 存储期费用模型

C_k^S 表示在大数据存储期内，采购大数据服务 k 的直接成本，该成本可以使用经典的线性成本函数。包括固定部分 C_k^F 和输出相关部分 $C_k \times x_k$ ，其中 C_k 表示存储服务 k 的可变单位成本，x_k 表示存储期内购买存储服务 k 的数量，其计算公式如式（6-15）所示。

$$C_k^S = C_k^F + (C_k \cdot x_k) \tag{6-15}$$

公式的第一部分包括服务合约或许可证的成本。C_k 是使用相关成本，可以

使用技术单位如 G 字节来进行度量。计算公式如式（6-16）所示，$Data(f)$ 表示数据集数量的大小，$Price(k)$ 表示存储服务 k 的技术单位价格。

$$C_k = Data(f) \times Price(k) \tag{6-16}$$

6.2.2.2 服务期费用模型

大数据服务服务期的主要运行方式以基于大数据服务的大数据工作流为基础，关于大数据工作流在第4章进行了详细的描述，这里再对大数据工作流的相关术语进行补充说明。大数据工作流可以定义为有向无环图 DAG $G = \langle T, V \rangle$，T 表示 N 个任务 $\{t_1, t_2, \cdots, t_N\}$ 的集合，边 $(t_p, t_q) \in V$ 表示两个任务之间的约束关系，当 t_p 执行完毕并把结果返回给 t_q 时，t_q 才可以执行。t_q 的直接前序节点集用 $pred(t_q)$ 表示。对于大数据工作流上的每个任务都需要输入数据、通信数据和输出数据三类数据，使用数据文件进行表示。任务 t_q 执行需要的全部输入数据用 F^{t_q} 表示，这些数据集分布在不同地域数据中心的存储服务中。存储数据集 f 的存储服务记为 ss_f。在工作流中，开始节点和结束节点分别表示没有直接前序和后序的节点，本节假设大数据工作流都只有一个开始节点和结束节点。根据图6-2的描述，每个大数据工作流的每个任务 t_q 都关联两个服务，分别是大数据服务和存储服务，这里把与 t_q 关联的服务记作 $S^q = \{bs^q, \{ss^q\}\}$，$bs^q \in BS$ 表示任务 t_q 需要的大数据服务。$ss^q \in \cup_{f \in F^{t_q}} ss_f$ 表示任务执行需要的数据集选择的存储服务构成的集合。

根据以上的描述，任务 t_q 在服务期的周期费用公式可以表示为：

$$C(t_q) = \sum_{t_p \in pred(t_q)} C_c(Data(t_p, t_q)) + C_e(t_q, bs_q) \tag{6-17}$$

其中，$C_c(Data(t_p, t_q))$ 表示在大数据工作流中具有直接前后序关系两个任务之间传输数据发生的费用，可以由式（6-18）决定。

$$C_c(Data(t_p, t_q)) = Data(t_p, t_q) \times Price(bs_p, bs_q) \tag{6-18}$$

$Data(t_p, t_q)$ 函数表示两个任务 t_p 和 t_q 之间传输的数据量。$Price(bs_p, bs_q)$ 表示在两个大数据服务 bs_p 和 bs_q 之间传输的数据技术单位价格。

在式（6-17）中，$C_e(t_q, bs_q)$ 表示大数据服务 bs_q 的执行费用，该执行费用由任务的执行时间和时间单位价格共同决定。

$$C_e(t_q, bs_q) = T_e(t_q, bs_q) \times Price(bs_q) \tag{6-19}$$

$T_e(t_q, bs_q)$ 函数表示任务 t_q 在大数据服务 bs_q 上的执行时间，$Price(bs_q)$ 表示大数据服务 bs_q 的时间单位价格。

6.2.2.3 选择期费用模型

根据交易成本理论构建本阶段的费用模型。交易成本理论是由诺贝尔经济学奖得主科斯（Coase R H）于1937年提出的，科斯认为，交易成本是获得准确市场信息所需要的费用，以及谈判和经常性契约的费用，主要包括信息搜寻成本、谈判成本、缔约成本、监督履约情况及可能发生处理违约行为的成本。根据该理论的思想和大数据服务工作特点，将大数据选择期（τ_2）进一步划分为两个阶段：准备期（τ_{21}）和完成期（τ_{22}）。准备期的费用主要由谈判费用、分配服务费用两项构成。完成期成本主要包括协调供应商费用和寻找代理商费用两项。假设大数据服务和业务流程之间的关系是多对多关系；用户关于大数据服务的需求在这个决策周期内是不变的。

（1）准备期谈判费用。

$C_{k\tau}^N$ 表示在决策周期 τ 内，达成大数据服务 k 的合约和 SLA 相关的成本。首先定义学习曲线效应函数 $(o_\tau + 1)^\beta$，该函数表示通过之前类似项目的学习谈判成本也随之下降（Shojaiemehr et al.，2018）。变量 o_τ 表示直到周期 $\tau - 1$ 完成的大数据服务采购项目的数量。β 表示学习变量，由采购方确定，n 表示谈判困难系数。一方面，大数据服务的 SLA 和价格没有谈判的余地，服务消费方总是选择最适合的服务。另一方面，谈判的效应取决于诸如服务等级、服务质量、时效性和相关奖惩合约参数的数量和类型（Kauffman et al.，2008）。

$$C_{k\tau}^N = C_k^N \times (o_\tau + 1)^\beta \times (n + 1) \tag{6-20}$$

（2）准备期分配服务费用。

当用户同时和多个大数据服务商谈判时，会增加交易成本。为了建模这种成本，使用分配额 v 表示，如式（6-21）所示。当采购策略的数量 I 增加时，分配成本 C_k^{AL} 也随之增加，如式（6-22）所示。

$$v = \frac{1}{I} + \ln^I \tag{6-21}$$

$$C_k^{AL} = c_k^{AL}, \quad \forall k \tag{6-22}$$

因此，可以得到准备期的交易成本为：

$$C_{k(\tau 21)} = C_{k(\tau 21)}^{N} + C_{k}^{AL} \tag{6-23}$$

（3）完成期协调费用。

完成期协调费用是指采购合同和 SLA 管理协调所发生的费用。当服务消费者发现因为供应商锁定而没有可选择的采购策略时，服务提供方会采取机会主义行动，就价格和 SLA 进行重新谈判，以便建立新的合同。服务 k 协调费用 $C_{k\tau}^{C}$ 与谈判费用和分配费用有关，并使用乘法变量 γ 进行补充。通过简化公式使影响因素、谈判费用和分配成本一致，而且不会随着时间的推移而变化。

$$C_{k\tau}^{C} = (C_{k\tau}^{N} + C_{k}^{AL}) \times \gamma \tag{6-24}$$

（4）完成期代理费用。

代理成本是因为用户和代理结构之间的代理关系发生的费用。相关的成本因素可以分为监督成本（监督代理商的行为）、限制性契约成本（对代理商的奖励）和剩余损失（因为代理商缺乏协调能力和动机）。在决策周期内服务 k 的代理成本 $C_{k\tau}^{AG}$ 可用式（6-25）计算：

$$C_{k\tau}^{AG} = c_{k\tau}^{AG} \times \Theta_{k}^{rel} , \ \forall \, k \tag{6-25}$$

同样，可以得到完成期的交易成本函数：

$$TC_{k(\tau 22)} = C_{k(\tau 22)}^{C} + C_{k(\tau 22)}^{AG} \tag{6-26}$$

6.2.2.4　总费用模型

为了汇总成本，将交易成本根据决策周期划分为两类，因此信息链视角下大数据服务的总费用可以汇总为 C_{k}^{O}。

$$C_{(\tau 0)}^{O} = \sum_{k} C_{k}^{S} \tag{6-27}$$

$$C_{(\tau 1)}^{O} = \sum_{q \in T} C(t_{q}) + \sum_{k} C_{k(\tau 1)}^{F} \tag{6-28}$$

$$C_{(\tau 2)}^{O} = \sum_{t=1}^{2} \sum_{k} TC_{k(\tau 21)} \times \frac{1}{(1 + r)^{t}} + \sum_{k} TC_{k(\tau 22)} \tag{6-29}$$

$$C^{O} = C_{(\tau 0)}^{O} + C_{(\tau 1)}^{O} + C_{(\tau 2)}^{O} \tag{6-30}$$

6.2.3　信息链视角下大数据服务风险模型

本书所指的故障风险来源有两处：一处是大数据服务，另一处是存储服务。为了简化问题的讨论，在讨论大数据服务工作流的内部风险时，可用性损失主要是指工作流上任务的执行费用影响。在信息安全领域，可用性（Availability）是指对于授权用户能够及时访问到所需要信息的度量指标（Müller，2006）。通常考察某个时间系统能够正常运行的概率或者时间占有率期望值，用以衡量信息系统在投入使用后的效能，是可靠性、可维护性和维护支持性的综合度量。下面首先定义可用性损失风险的概念。

定义 6-5（可用性损失风险） 执行某个活动或决策时因为可用性风险导致的经济损失，是由可用性正常运行概率 p 和风险发生时造成的损失 L 决定的一类风险。

$$Risk_A = L \times (1 - p) \tag{6-31}$$

定义 6-6 这里扩展信息安全可用性的概念，本节将可用性分为大数据服务可用性（Big Service Availability，BSA）和存储服务可用性（Storage Service Availability，SSA），分别表示用户能够及时访问大数据服务和存储服务可能性的度量，可以分别用 $p(B)$ 和 $p(S)$ 表示。

6.2.3.1 存储期风险模型

存储期风险源的主体是存储服务，根据式（6-31），需要分别计算存储服务的可用性概率和费用。假设存储服务之间不相关，则存储期的可用性风险损失可以用式（6-32）表示：

$$Risk_A^{\tau 0} = \sum_{k=1}^{x_k} (1 - p_k^{(S)}) \times C_k \tag{6-32}$$

在式（6-32）中，C_k 表示存储服务 k 的费用，x_k 表示存储期使用存储服务的数量，$p_k^{(S)}$ 表示存储服务 k 的可用性概率，可以看作是因为安全限制导致数据传输失败的概率（Kolodziej et al.，2011），所以，$p_k^{(S)}$ 的计算公式为：

$$p_k^{(S)} = \begin{cases} 1 & S_{uk}^{\tau 0} \leqslant S_k^{\tau 0} \\ e^{-\lambda(k_1 - k_2)} & S_{uk}^{\tau 0} > S_k^{\tau 0} \end{cases} \tag{6-33}$$

$S_k^{\tau 0}$ 表示存储期周期存储服务 k 的安全等级，可以由表 6-11 确定。$S_{uk}^{\tau 0}$ 表示存储期周期，用户对存储服务 k 的安全需求，是一个在 [0，1] 范围内的定量数，该值越大，表示用户对于存储服务的安全等级需求越大。$S_{uk}^{\tau 0}$ 表示在 [1，5] 范围内的整数。λ 表示失败系数，可以设置为 3（Song S S et al.，2006），k_1 和 k_2 分别表示相应安全等级上的安全范围。

表 6-11　安全等级、概念和范围

安全等级	安全概念	安全范围
1	不安全	[0, 0.2)
2	较低安全	[0.2, 0.4)
3	中等安全	[0.4, 0.6)
4	较高安全	[0.6, 0.8)
5	高安全	[0.8, 1]

6.2.3.2　服务期风险模型

根据上面的分析，结合第 4 章的分析，服务期主要以大数据工作流的形式为用户提供各类大数据服务。为了计算服务期可用性损失风险，需要从大数据服务工作流视角进行分析，该风险需要 BSA 和 SSA 的值，和计算 SSA 同样的思路，BSA 的概率计算公式以 A_{ku}^{τ} 和 A_k^{τ} 为基础，分别表示用户对大数据服务 k 的可用性需求和大数据服务本身的可用性等级。类似存储服务的安全等级，大数据服务的安全等级及范围如表 6-12 所示。

表 6-12　可用性等级、概念和范围

可用性等级	可用性概念	可用性范围
1	不可用	[0, 0.2)
2	低可用性	[0.2, 0.4)
3	中等可用性	[0.4, 0.6)
4	较高可用性	[0.6, 0.8)
5	高可用性	[0.8, 1]

服务期的风险来源主要是大数据服务和存储服务，这些服务为上一层的大数据工作流提供相应的服务，根据式（6-34），可以定义大数据服务工作流上任务节点 t_q 的可用性损失风险为：

$$Risk_A^q = (1 - p_q^{(B)} p_q^{(S)}) \times (Cost_q^{(B)} + Cost_q^{(S)})$$

$$p_{iq}^{(B)} = \prod_{k=1}^{x_{ib}^q} p_{ik}^{(B)} \ ; \ p_{iq}^{(S)} = \prod_{k=1}^{x_{is}^q} p_{ik}^{(S)} \tag{6-34}$$

$Cost_q^{(B)}$ 和 $Cost_q^{(S)}$ 分别为任务节点 t_q 依赖的大数据服务和存储服务的执行费用总和，可以根据上一节的式（6-2）至式（6-30）进行计算。$p_q^{(B)}$ 和 $p_q^{(S)}$ 分别表示任务节点 t_q 依赖的大数据服务和存储服务的可用性概率，这些服务之间的关系为并行关系，所以其可用性概率等于需要服务节点的积。则节点 t_q 成功执行的概率为 $p_q = p_q^{(B)} p_q^{(S)} p_q = p_q^{(B)} p_q^{(S)}$，执行总费用为 $Cost_q = Cost_q^{(B)} + Cost_q^{(S)}$。

对于大数据服务工作流而言，因为其本身具有不同的执行结构，所以对于处在工作流不同位置上的任务节点，其可用性损失的计算方法也各不一样。下面就顺序和并行两种结构分别进行说明。

设执行路径函数 $Path(t_a, t_b) = (t_a \rightarrow t_{a+1}) \bigwedge (t_{a+1} \rightarrow t_{a+2}) \bigwedge \cdots \bigwedge (t_{b-1} \rightarrow t_b)$，对于该路径上的任意节点 $t_q(a \leq q \leq b)$，相关的大数据服务和存储服务的可用性概率分别为 $p_q^{(B)}$ 和 $p_q^{(S)}$，执行的费用分别为 $Cost_q^{(B)}$ 和 $Cost_q^{(S)}$，则第 q 个任务的可用性损失风险为：

$$Risk_A^q = \prod_{j=1}^{q-1} p_j (1 - p_q) \times \sum_{j=1}^{q} Cost_j \qquad (6-35)$$

证明：任务 t_q 的执行前提是所有的前序节点都成功执行，而前序节点的成功执行需要依赖大数据服务和存储服务都能够正常地提供相应的服务。所以每个节点正常执行的概率是 p_j，因此第 q 个任务能够执行的概率为 $\prod_{j=1}^{q-1} p_j$，而当 t_q 执行时，其失败概率为 $1 - p_q$。如果任务 t_q 执行失败，涉及的总费用为 $\sum_{j=1}^{q} Cost_j$。因此任务 t_q 因为可用性失败引起的损失为式（6-35）。

执行路径 $Path(t_a, t_b) = (t_a \rightarrow t_{a+1}) \bigwedge (t_{a+1} \rightarrow t_{a+2}) \bigwedge \cdots \bigwedge (t_{b-1} \rightarrow t_b)$ 上共有 n 个节点，路径上的任意节点 $t_q(a \leq q \leq b)$ 相关的大数据服务和存储服务的可用性概率分别为 $p_q^{(B)}$ 和 $p_q^{(S)}$，执行的费用分别为 $Cost_q^{(B)}$ 和 $Cost_q^{(S)}$，路径 $Path(t_a, t_b)$ 的可用性损失风险为：

$$Risk_A^{Path(t_a, t_b)} = \sum_{q=1}^{n} \left(\prod_{j=1}^{q-1} p_j (1 - p_q) \times \sum_{j=1}^{q} Cost_j \right) \Psi_{19}(Y) = 0.274 \qquad (6-36)$$

设一组大数据工作流任务集合 $\{t_1, t_2, \cdots, t_k\}$ 和如图 6-3 所示的并行结构节点 t_0、t_n，该结构路径记作 $\| t_1, \cdots, t_k$，如果节点 t_q 相关的大数据服务和存储服务的可用性概率分别为 $p_q^{(B)}$ 和 $p_q^{(S)}$，执行的费用分别为 $Cost_q^{(B)}$ 和 $Cost_q^{(S)}$，则该并行路径的结构可用性损失风险公式为：

$$Risk_A^{||t_1, \cdots, t_k} = \left(1 - \prod_{q=1}^{k} p_q\right) \times \sum_{j=1}^{k} Cost_j \tag{6-37}$$

证明：当任务是并行执行时，任何任务的失效都会导致任务 t_n 失败。因此，该子工作流成功执行的概率为 $\prod_{q=1}^{k} p_q$，可以推导出其失效概率为 $1 - \prod_{q=1}^{k} p_q$。可用性损失风险涉及的费用包括所有并行执行任务的和 $\sum_{j=1}^{k} Cost_j$。

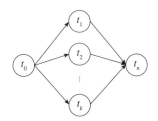

图6-3　工作流并行示意图

顺序和并行结构是更复杂的工作流的基础。对于非结构良好的工作流可以通过转化算法将其变成结构良好的工作流图（Cardoso et al.，2004）。在结构良好的工作流中，任务节点可以被划分为非功能性同步任务节点（Synchronization Task）和普通任务节点（Normal Task）两种。同步任务节点不执行业务，只负责对流程顺序进行分裂和合并，因为同步任务的执行费用为0。当其所有前序任务节点执行完毕时，被触发执行。同步任务通常有多个前序或后序节点。下面首先给出顺序约简和并行约简的定义，因为同步任务节点不具备业务功能，约简定义中忽略这类节点。

设任务 t_q 运行依赖于 n 个大数据服务和 m 个存储服务。大数据服务集 $BS = \{BS_1, BS_2, \cdots, BS_n\}$，其可用性概率为 $p_q^{(B)}$，执行的费用为 $Cost_q^{(B)}$，$1 \leqslant q \leqslant n$。数据存储服务集 $SS = \{SS_1, SS_2, \cdots, SS_m\}$，其可用性概率和执行的费用分别为 $p_q^{(S)}$ 和 $Cost_q^{(S)}$，$1 \leqslant q \leqslant n$，则任务节点可以被不影响节点 t_q 的可用性损失风险评估结果的节点 t_q' 代替，经过服务约简操作后的 t_q' 的可用性概率表示为 $p_q = \prod_{q=1}^{n} p_q^{(B)} \prod_{q=1}^{m} p_q^{(S)}$，执行费用公式为 $Cost_q = \sum_{q=1}^{n} Cost_q^{(B)} + \sum_{q=1}^{m} Cost_q^{(S)}$，串行结构和并行结构的约简公式可参照 Wang M 等（2015）的研究，约简过程如图6-4所示，服务整体约简如图6-5所示。

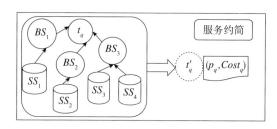

图 6-4　服务约简示意图

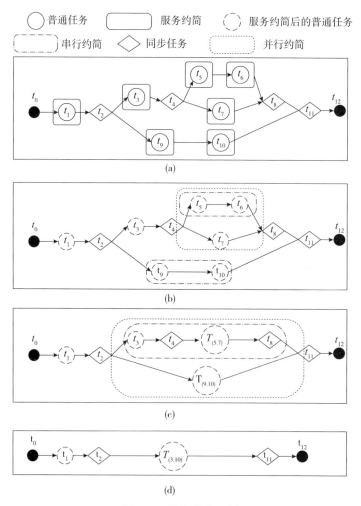

图 6-5　服务约简示例

则整个大数据服务工作流 G 成功执行的概率为：

$$P(Sucess(G)) = \prod_{t_q \in G} p_q \tag{6-38}$$

6.2.3.3 选择期风险模型

选择期风险的主要动因是工作流的执行失败导致在选择期各种服务选择努力失效，从而发生费用损失，该风险也可以被看作一种典型的链式风险，因为服务期服务发生的风险因素传递到选择期，引发新的风险。根据前面的分析可知，该阶段的可用性损失风险涉及两个要素，分别为风险发生的概率和风险造成经济上的损失。所以选择期的可用性风险损失的计算公式如式（6-39）所示：

$$Risk_{iA}^{\tau 2} = (1 - P(Sucess(G)) \times C_{i(\tau 2)}^O \tag{6-39}$$

6.2.3.4 总风险模型

$P(Sucess(G))$ 表示选择大数据服务和存储服务之后，大数据服务工作流 G 能成功执行的概率，由所有工作流上节点的可用性概率 p_q 乘积计算，p_q 表示在该节点服务选择计划成功执行的概率。因为任何一个节点的不可用，都会导致整个工作流的失败。这里假设每个服务成功执行的概率是相互独立的。

综上所述，可以总结大数据服务三个周期的可用性风险损失函数为：

$$Risk_{(\tau 0)}^O = \sum_{q \in T} C(t_q) + \sum_k C_{sk(\tau 1)}^M \tag{6-40}$$

$$Risk_A^{\tau 1} = (1 - P(Sucess(G)) \times C_{(\tau 1)}^O \tag{6-41}$$

$$Risk_A^{\tau 2} = (1 - P(Sucess(G)) \times C_{(\tau 2)}^O \tag{6-42}$$

$$Risk_A^O = Risk_A^{\tau 0} + Risk_A^{\tau 1} + Risk_A^{\tau 2} \tag{6-43}$$

6.2.4 模型求解

根据前述内容，构建信息链视角下大数据服务风险元优化模型，优化目标为：

$$min C^O \tag{6-44}$$

$$minRisk_A^O \qquad\qquad (6\text{-}45)$$

为了计算模型的结果，本节模拟一个小规模的大数据服务工作流调度示例，共包括 7 个任务节点、6 个大数据服务和 6 个存储服务（$T7$，$BS6$，$SS6$）。采用多目标粒子群算法（Torabi et al.，2013）进行求解，模拟参数设置如表 6-13 所示。

表 6-13　模拟参数设置

参数	取值范围	参数	安全范围
任务节点数量	[5, 100]	β	0.09
Data（f）	[500, 1000]	γ	0.1
大数据服务安全等级	[1, 5]	r	0.05
存储服务安全等级	[1, 5]	C_k^F	[100, 200]
大数据可用性等级	[1, 5]	C_k^N	300, $\forall k$
存储服务可用性等级	[1, 5]	C_k^{AL}	100, $\forall k$
节点安全性和可用性需求	[1, 5]	C_k^{AG}	200, $\forall k$
BPI	[0.5, 0.7]	Price（k）	[50, 100]
$T_e(t_q, bs_q)$	[10, 100]	Price(bs_p, bs_q)	[0.1, 0.3]
Data(t_p, t_q)	[100, 500]	Price(bs_q)	[200, 500]

首先分别对 2 个目标进行单一求解，仿真结果如下：

以费用为目标函数求解：费用 = 3246.57；风险 = 43.504。

以风险为目标函数求解：费用 = 3461.48；风险 = 35.807。

可以看出，尽管能达到风险最优，但是以更大的风险为代价。采用多目标大数据服务运营管理，可以实现两者的综合考虑，结果如表 6-14 所示。

表 6-14　考虑费用、风险的大数据服务运营最优结果

任务节点	t_1	t_2	t_3
资源集	{BS_4，{SS_6，SS_6}}	{BS_3，{SS_1，SS_1，SS_2}}	{BS_5，{SS_5，SS_2}}

续表

任务节点	t_4	t_5	t_6
资源集	$\{BS_3,\{SS_2\}\}$	$\{BS_6,\{SS_5,SS_5,SS_3\}\}$	$\{BS_3,\{SS_2,SS_1\}\}$

任务节点	t_7	费用	3392.76
资源集	$\{BS_6,\{SS_5,SS_3\}\}$	风险	39.622

6.3　大数据服务风险防范框架结构设计

大数据服务为个人和商业用户提供低价格、易使用的大数据服务，降低了企业利用大数据的门槛，对于提高管理决策质量、推动大数据应用场景起到了至关重要的作用。但其自身的工作特点和运行方式使其面临诸多风险因素。针对前面对大数据服务生命周期的风险分析，结合现有的研究成果（张于喆等，2018；黄国彬等，2015；吕海霞等，2018），本书提出了如图 6-6 所示的风险管理框架，对于大数据服务生命周期从技术手段、规程标准、组织管理三个方面构建了风险管理框架。

6.3.1　完善组织管理

随着大数据服务应用场景的日益扩大，其服务对象的深度和广度也在向社会各个领域延伸。提供大数据服务的，不仅有像阿里巴巴、华为这样面向企业和个人大数据服务需求的互联网企业，也有像国家基因库生命大数据平台、国家新型城镇化大数据公共服务平台、数字丝路地球大数据平台这样面向社会公共领域的专业性大数据服务的国家和部委大数据服务平台。根据大数据服务的不同层次，可以划分为国家、行业和运营商三个层面。

6.3.1.1　国家层面

大数据服务平台是结合大数据思维和技术的政府治理方式。有利于推动政府职能转变，推动政府数据治理和科学决策的进程。针对该层面，可

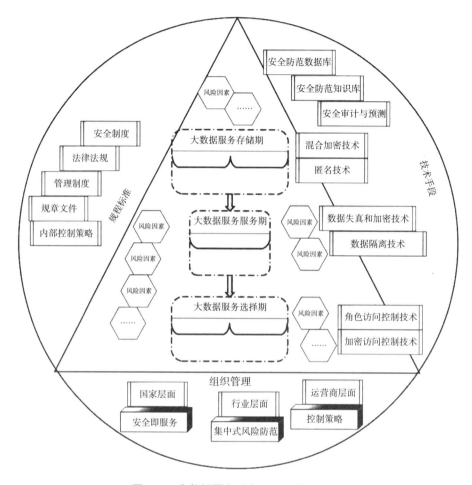

图 6-6　大数据服务信息链风险管理框架

以构建"安全即服务"的安全平台,将主动型数据安全模式引入安全平台,弥补传统安全模式的不足,形成高可靠性和扩展性的协同风险防范体系,打破信息孤岛,实现大数据服务的价值网络。

6.3.1.2　行业层面

对于行业或部委主管的各类大数据服务平台,适合采用"集中式"的风险管理架构,由专门的大数据管理部门和机构,统一负责大数据市场准入的风险防范、风险预警化解、风险监控管制及风险事件的危机管理,规范行业大数据的应用模式,规范行业大数据风险。同时,作为大数据管理部门，不仅需要具备数据比对、关联、清洗和安全防护等数据治理的工作能力，还需要具备数据收集、判断、解读和辅导等方面的专业能力，这样才能做好数据采集、维护、分析和风险管理的主导者，满足数据监管、安全和隐私保护的要求。

6.3.1.3　企业层面

各类大数据服务运营商通常都具有自己的风险管理技术体系。为了防范可能发生的内外部风险，大数据服务运营商应该加强自身的控制策略，包括访问控制、技术控制和管理控制等，多措并举，减少不同周期阶段可能发生的风险。首先，设置组织层面的访问权限，对于能够访问组织内数据的成员数量和边界进行明确限定，这样不仅有助于防止数据泄露事件的发生，也有助于数据泄露发生时进行追溯和追责。组织相关成员应该遵守组织制定的安全政策、数据操作规范等，从组织制度和奖惩多个方面保证相关成员不会为了自身利益而出卖数据，保证数据的安全。同时，组织加强技术控制能力，从安全防护和实时检测两个方面保护数据安全和检测系统的漏洞。利用防火墙等网络安全设备防止数据受到网络攻击，改进实时监测技术，结合数据发布的匿名保护技术、数字水印技术等，保护用户信息特征和隐私。

6.3.2　强化制度规范

没有法律体系和市场经济制度作为基础与支撑，大数据很可能成为发达国家全球化竞争的利器。除了加强组织管理外，建立严格的制度规范和法律法规，也是防范数据风险、加强风险管理的重要方式。从这个角度来理解，可以从构建与国家治理现代化相适应的法律法规、与现代化公司体制相适应的行业标准，与现代化经济体系相适应的风险管理制度三个方面，给予数据管理工作全面、有效、动态的保证。

第一，建立涉及关键基础设施、跨境数据流动监管、个人数据保护的全方位数据保护的法律机制。为了保障大数赖以存续的关键基础设施安全，《国家安全法》第三十一条对于关键的基础设施范围进行界定，涵盖了水利、交通、能源、信息服务、公共服务等重要领域，并分别从国家、行业和运营者三个层面描述了职责与业务。大数据应用范围、体量、技术路线、商业模式都在发生着非常大的变化，需要国家层面出台《关键信基础设施保护条例》，对于关键基础设置的范围进行细化，明确数据安全、应急处置、监督预警等数据安全保护方面的规定和实施细则。对数据跨境流动所产生的风险，《国家安全法》虽然对数据本体化和跨境数据流动风险防范进行了规定，但也存在词语模糊、重要数据界定不清楚、数据主权难以充分体现等不足，所以应该完善数据跨境流动监管立法，监管不仅应贯穿整个数据生命周期，也要为寻求国际跨境流动监管的国际合作留下空间。同时，可以考虑设立专门的数据监管机关，对于跨境传输的数据进行登记、审查、抽样监督，并对违规行为进行处罚和国际协调等。关于个人数据安全保护，我国至今尚未出台《个人数据保护法》，这不得不说是数据保护在法律规章中的不足，通过出台《个人数据保护法》，可以在保护个人数据的基础上，将个人数据安全融合进数据生命周期，对个人数据处理利用环节中可能引发的风险规定相应的义务和责任，强化对个人数据安全侵犯的预防和保护。此外，对于数据管理、数据权属、稳定性保障等相关性法律也应进一步完善。

第二，推出行业安全标准。数据保护相关法律滞后，导致大数据企业利用用户的个人信息牟利。由于没有被普遍接受的法律规则，许多公司都根据企业的情况制定信息安全政策，企业都以自身利益为出发点制定相关政策。因此，国家和行业组织应加快面向工业、电信、互联网领域的数据安全态势感知和监测技术应用研究，加快制定大数据服务、产品、安全的标准，对与数据流动环节相关的开放、质量、共享、交易等关键内容制定标准。推进数据安全相关联盟等形式的社会组织建设，为大数据服务用户和企业提供可用性、可靠性、安全性等方面的评估、评测、认证等服务，进一步完善大数据产业公共服务支撑体系。

第三，完善数据风险管理制度。在确保遵循大数据相关法律的基础上，加强风险管理流程、风险限额管理、授权管理制度、风险奖惩处罚、风险评价考核、风险责任约束等方面的建设，构建全面数据风险管理的体系架构。对于实施数据管理的责任部门，应该明确和完善数据系统权限的划定和申请流程及管理办法，形成数据安全管理的制度基础。同时，也要加强和大数据服务相关的网络、信息安全等级等方面的制度和规程文件的制定。最后，根据数据应用场景的差异化需求，对于管理者、提供者和使用者的不同角色、职责和管理范围，落实数据资源的编目、注册、发布和维护。

6.3.3　加强技术保障

针对大数据服务生命周期不同阶段风险特点的不同，多样化、差异化的技术保障手段是数据风险管理的重要基础保障。云环境下大数据服务的关键安全保障措施包括用户访问控制、数据隔离技术、数据完整性保护、隐私保护、安全设计与预测、防范 APT 攻击等内容，这些安全保障措施不仅需要涵盖大数据获取、传送、存储、分析、服务等不同阶段的特征，还需要与之配套的测评技术和安全指导标准，是实现大数据服务风险管理规范、科学的重要措施。用户访问控制技术通过对数据的密集程度和用户权限等级进行设定，实现严格的访问权限和用户权限管理，主要手段有口令、身份认证、文件、网络权限控制等。数据隔离技术用以解决数据边界模糊的问题，确保多租户架构的云端用户间数据安全，比较成熟的技术有共享表架构、分离数据架构、分离表架构技术。数据完整性功能可以保护数据，使其不被篡改，常用的方法有数字签名和信息认证。隐私保护技术从匿名和属性控制方法向着动态数据隐私保护和用户访问行为隐私保护发展。安全审计与预测可以跟踪安全事件、发现安全事件并进行问责。APT 攻击的防范策略包括发现策略、对抗策略和预防策略，防范手段包括沙箱方法、异常检测方法、基于记忆的检测系统。还可以考虑以大数据产业联盟、行业协会等组织在大数据使用过程中风险监管、预警、防范、化解等方面的经验技术为依托，构建数据安全防范数据库，促进数据安全防范知识库、专家库的完善和共享，实现高质量、低成本利用数据安全知识，提高风险管理水平。

同时，技术保障的建设和提高不能都交给大数据服务运营企业来做，还要鼓励和扶持专业的大数据安全相关企业进行专业性、针对性的研发。支持研发面向特定行业的大数据安全解决方案，推进大数据在重点行业领域的安全应用。

6.4　本章小结

本章从信息链视角分别构建了大数据服务风险元决策和优化模型。首先，基于广义证据理论和信息熵的概念，提出了信息链视角下大数据服务演化熵和风险熵的概念和计算公式，利用熵的概念度量大数据服务不同阶段的风险。其次，通过广义证据理论识别和融合专家意见，得到不同风险因素的隶属度，计算演化熵和风险熵，基于此风险度量方式，可以指导大数据服务不同阶段的风险防范投资决策。最后，分别建立存储期、服务期和选择期的费用和风险模型，构建了大数据服务的风险元优化模型。

第7章
研究成果与结论

云环境下大数据服务融合了云计算低成本、易扩充、易维护的优点，解决了大数据服务数据管理和存储的繁重任务，使大数据服务成为一种随时随地可以被访问的基础设施，推动了服务经济的演进过程，丰富了服务经济的形式。但这种优势的代价是各种风险问题，除了大数据服务本身面临的数据、法律、技术风险之外，还要面对云计算环境的各类风险，多种环境、系统的融合使风险因素更加复杂，造成的影响也更大。因此，针对云环境下大数据服务风险的研究显得十分必要。本书立足于云环境下大数据服务的高度，以动态风险和风险决策为研究内容，基于信息链视角，把云环境下大数据服务研究分为存储期、服务期和选择期三个不同周期，针对每个周期的风险问题以及信息链整体风险问题进行了研究。

7.1　研究内容和创新

本书的研究内容和主要创新成果如下：

第一，分析了云环境风险管理研究的意义，重点梳理了云环境下大数据服务可能面对的风险，从服务风险和服务选择决策这两个方面，综述和分析了国内外已有的文献，分析已有相关研究成果的不足之处。

第二，对已有的本书研究内容的基础进行了总结，包括大数据服务产生的动因、大数据服务的概念和大数据服务的常用架构，以及大数据流动视角下大数据信息生命周期，这些内容不仅是本书结构划分的重要依据，也从不同的方面论述了大数据服务的概念。

第三，在大数据服务存储期内，对大数据服务的风险评估模型进行了研究。首先，分析了存储期的工作方式和特点，区别于其他研究视角，本书以数据资产为分析对象，构建了数据重要性评估指标体系。其次，在分析现有风险评估模型不足的基础上，对大数据服务存储期的风险和脆弱性进行识别，利用传染病模型，建立了脆弱性风险动态评估模型，利用动态方程对模型进行求解。基于多重犹豫模糊语言变量的概念和聚集因子的概念，建立隶属度确定方法，构建了大数据服务存储期风险评估模型。最后，依据模型计算结果，对大数据服务存储期的风险进行了分析。

第四，在大数据服务服务期内，对风险的原因进行了分析，基于提出的多层次大数据服务结构模型，确定了大数据服务服务期风险的载体及研究对象——工作流。根据提出的大数据服务工作流的概念，结合现有的基于 Web Service 和云计算的相关研究成果，总结了大数据服务的 QoS 指标体系。将大数据服务工作流上任务节点 QoS 指标中的不确定性定义为风险元。根据风险的不同形式，提出了概率型和区间型两种大数据服务工作流 QoS 风险元传递模型。在第一种模型中，根据信号流图分析方法和理论，构建了风险元传递模型，根据最大熵理论求解了 QoS 分布概率，利用矩母函数对串行、并行的大数据服务工作流结构的风险元传递函数进行构建和求解，利用算例分析了模型的可行性。在第二种模型中，主要考虑 QoS 概率无法确定的问题，根据区间数理论，构建了区间型的风险元传递函数，并对模型进行了求解和可行性分析。

第五，在大数据服务选择期内，分析了选择期服务选择的特点及风险发生的原因，识别了该期间可能面临的各类风险因素。根据云模型和犹豫模糊数理论，将可信度的概念引入风险评估的问题中，用以度量专家在进行风险评估时，对自己评估信息的支持程度，同时为了避免专家刻意提高自己可信度的问题，用云模型汇聚专家的意见，用以计算评价专家的可信度，实现可信度的定量计算。基于该计算结果，提出了一种针对风险决策属性的权重确定方法。针对专家的评估意见为三参数区间灰色语言变量的情况，在总结现有研究不足的前提下，根据 Mobius 变换理论，提出了新的模糊度量方法，用以实现三参数区间灰色语言变量和犹豫模糊数的转换。既利用了三参数区间灰色语言变量便于表达和在表示专家评估不确定性和模糊性上的优点，也实现了基于犹豫模糊数进行可信度计算和属性权重求解的过程，统一了研究框架。通过属性确定过程和大数据服务供应商选择的两个案例，验证了所提出模型的可行性，对比了提出模型和现有模型的优势。

第六，将研究视角扩展到大数据服务信息链视角，首先，基于广义证据理论和信息熵的概念，提出了大数据服务演化熵和风险熵的概念和计算公式，利用熵的概念度量大数据服务信息链的整体风险。其次，通过广义证据理论识别和融合专家意见，得到不同风险因素的隶属度，计算演化熵和风险熵，基于此风险度量方式，可以指导不同阶段的风险防范投资决策。最后，分别建立存储期、服务期和选择期的费用和风险模型，构建了考虑风险的云环境下大数据服务风险元优化模型。从整体性和动态性分别构建了大数据服务的决策和优化模型。

7.2　未来研究方向

本书的研究既是对风险元传递理论的传承，也是将风险元传递理论在大数据服务研究领域的开拓，虽然取得了些许研究成果，但也有以下待完善的方面：

第一，大数据服务概念提出的时间比较短，关于此概念的统一定义、内涵、形式、接口等方面，都没有达成共识。Web 服务、云服务、大数据服务各类服务的概念交织在一起，对服务的范围和边界未进行明确的划分。因此，本书研究的问题也交织了各种服务的风险问题，研究的范围和内容还有待于细化。

第二，本书的研究多从风险管理的视角进行，但无论是在云计算还是在大数据服务方面，都有很多问题需要从技术的视角进行解决，所以将更多技术领域的研究成果纳入大数据服务风险管理框架中，是下一步重要的研究方向。

第三，受研究条件所限，真实数据获得难度比较大，对于本书提出的各类模型多基于模拟数据进行分析，使研究结果应用受到一定限制。未来需要更多的真实数据和案例来提高和改进提出的模型，为各个层次的大数据服务组织提供更为科学的风险管理依据。

总之，未来还需要深入研究大数据服务风险传递与决策的内容，研究思路和方法上都有进一步提升和拓展的空间，以便丰富风险元传递理论和大数据服务组织的管理实践。

参考文献

[1] 毕文豪，张安，李冲. 基于新的证据冲突衡量的加权证据融合方法 [J]. 控制与决策，2016，31（1）：73-78.

[2] 蔡盈芳. 基于云计算的信息系统安全风险评估模型 [J]. 中国管理信息化，2010，13（12）：75-77.

[3] 曹国，沈利香. 一种基于三参数区间灰色语言变量的多属性群决策方法 [J]. 运筹与管理，2014，23（1）：66-73.

[4] 陈超，宣士斌，雷红轩. 基于狼群算法与二维最大熵的图像分割 [J]. 计算机工程，2018，44（1）：233-237.

[5] 陈卫卫，李涛，李志刚等. 基于模糊层次分析法的云服务评估方法 [J]. 解放军理工大学学报（自然科学版），2016，17（1）：25-30.

[6] 常志朋，程龙生. 灰模糊积分关联度决策模型 [J]. 中国管理科学，2015，23（11）：105-111.

[7] 程风刚. 基于云计算的数据安全风险及防范策略 [J]. 图书馆学研究，2014（2）：15-17，36.

[8] 程结晶，刘佳美，杨起虹. 基于耗散结构理论的科研数据管理系统概念模型及运行策略 [J]. 现代情报，2018，38（1）：31-36.

[9] 程平，王晓江. 基于 COBIT 标准的云会计 AIS 审计风险评价指标体系构建 [J]. 会计之友，2016（10）：121-125.

[10] 程学旗，靳小龙，王元卓等. 大数据系统和分析技术综述 [J]. 软件学报，2014，25（9）：1889-1908.

[11] 程玉珍. 云服务信息安全风险评估指标与方法研究 [D]. 北京交通大学，2013.

[12] 邓仲华，李志芳，黎春兰. 云服务质量的挑战及保障研究 [J]. 图书与情报，2012（4）：6-11.

[13] 丁俊发. 大数据时代的机遇与挑战 [J]. 中国储运，2013（3）：

53-54.

[14] 杜彦峰, 相丽玲, 李文龙. 大数据背景下信息生命周期理论的再思考 [J]. 情报理论与实践, 2015, 38 (5): 25-29.

[15] 范红, 冯登国, 吴亚非. 信息安全风险评估方法与应用 [M]. 北京: 清华大学出版社, 2006.

[16] 范建华, 赵文. 信息系统 "风险熵" 计算模型的研究 [J]. 现代情报, 2011, 31 (12): 30-33.

[17] 冯本明, 唐卓, 李肯立. 云环境中存储资源的风险计算模型 [J]. 计算机工程, 2011, 37 (11): 49-51.

[18] 冯登国, 张敏, 张妍等. 云计算安全研究 [J]. 软件学报, 2011, 22 (1): 71-83.

[19] 冯建湘, 武雪媛. Web 服务 QoS 灰色评价模型 [J]. 计算机工程与科学, 2012, 34 (12): 81-86.

[20] 高艳苹, 吕王勇, 王玲玲等. 基于贝叶斯理论的云模型参数估计研究 [J]. 统计与决策, 2019, 35 (6): 5-8.

[21] 郭祖华, 李扬波, 徐立新等. 面向云计算的网络安全风险预测模型的研究 [J]. 计算机应用研究, 2015, 32 (11): 3421-3425.

[22] 海然. 云计算风险分析 [J]. 信息网络安全, 2012 (8): 94-96.

[23] 何志康. 大数据崛起: 马云与阿里的大数据帝国 [M]. 北京: 人民邮电出版社, 2016.

[24] 胡吉朝, 倪振涛. 考虑价格因素的并行模糊多准则时变权重云服务决策 [J]. 四川大学学报 (自然科学版), 2015, 52 (5): 1028-1034.

[25] 胡艳. 云计算数据安全与隐私保护 [J]. 科技通报, 2013, 29 (2): 212-214.

[26] 黄国彬, 郑琳. 大数据信息安全风险框架及应对策略研究 [J]. 图书馆学研究, 2015 (13): 24-29.

[27] 黄金凤, 郑美容. 基于云计算的信息安全风险评估模型 [J]. 宁德师范学院学报 (自然科学版), 2018, 30 (1): 34-40.

[28] 贾增科, 邱菀华. 风险、信息与熵 [J]. 科学学研究, 2009, 27 (8): 1132-1136.

[29] 简星. 基于区间数的 QoS 不确定性感知服务选择研究 [D]. 重庆大学, 2016.

［30］江澄. 大数据环境下基于 QoS 历史记录的服务组合推荐方法研究［D］. 南京大学，2014.

［31］姜茸，马自飞，李彤等. 云计算安全风险因素挖掘及应对策略［J］. 现代情报，2015，35（1）：85-90.

［32］姜茸，马自飞，李彤等. 云计算技术安全风险评估研究［J］. 电子技术应用，2015，41（3）：111-115.

［33］姜政伟，刘宝旭. 云计算安全威胁与风险分析［J］. 网络空间安全，2012，3（11）：36-38.

［34］蒋洁. 大数据轮动的隐私风险与规制措施［J］. 情报科学，2014，32（6）：18-23，34.

［35］焦扬，陈喆，梁员宁等. 基于马尔可夫过程的云服务组合 QoS 量化评估方法研究［J］. 计算机科学，2015，42（9）：127-133.

［36］康国胜，刘建勋，唐明董等. 考虑 QoS 属性相关性的 Web 服务选择［J］. 小型微型计算机系统，2014，35（4）：786-790.

［37］李传龙. 云计算系统 IaaS 层安全性评估模型的研究［D］. 内蒙古农业大学，2014.

［38］李存斌，孙宝军，徐方秋. 基于云模型可信度的犹豫模糊决策方法［J］. 济南大学学报（自然科学版），2017，31（4）：311-317.

［39］李存斌，王恪铖. 网络计划项目风险元传递解析模型研究［J］. 中国管理科学，2007（3）：108-113.

［40］李刚，焦亚菲，刘福炎等. 联合采用熵权和灰色系统理论的电力大数据质量综合评估［J］. 电力建设，2016，37（12）：24-31.

［41］李广建，化柏林. 大数据分析与情报分析关系辨析［J］. 中国图书馆学报，2014，40（5）：14-22.

［42］李国杰，程学旗. 大数据研究：未来科技及经济社会发展的重大战略领域——大数据的研究现状与科学思考［J］. 中国科学院院刊，2012，27（6）：647-657.

［43］李慧芳，宋长刚，董训等. 考虑物流服务的云服务组合 QoS 评价方法研究［J］. 北京理工大学学报，2014，34（2）：171-175.

［44］李琼. 电力企业信息安全风险评估研究［D］. 西安理工大学，2017.

［45］李文立，郭凯红. D-S 证据理论合成规则及冲突问题［J］. 系统

工程理论与实践, 2010, 30 (8): 1422-1432.

[46] 李永红, 张淑雯. 数据资产价值评估模型构建 [J]. 财会月刊, 2018 (9): 30-35.

[47] 李永红, 周娜, 赵国峰等. 模糊 TOPSIS 时变权重二次量化云服务推荐 [J]. 计算机应用与软件, 2016, 33 (4): 14-17.

[48] 梁爽. 基于 SOA 的云计算框架模型的研究与实现 [J]. 计算机工程与应用, 2011, 47 (35): 92-94.

[49] 林凡. 面向服务的云计算系统风险评测模型研究 [D]. 厦门大学, 2013.

[50] 林林, 王树伟, 缪纶等. 水利专业软件云服务平台安全风险处置研究 [J]. 中国水利水电科学研究院学报, 2015, 13 (4): 312-316.

[51] 林日昶, 陈碧欢, 彭鑫等. 支持风险偏好的 Web 服务动态组合方法 [J]. 中国科学: 信息科学, 2014, 44 (1): 130-141.

[52] 林文敏. 云环境下大数据服务及其关键技术研究 [D]. 南京大学, 2015.

[53] 刘大维, 霍明月. 云计算关于图书馆数字资源应用的安全风险分析 [J]. 情报科学, 2015, 33 (1): 76-79, 83.

[54] 刘杰, 高志鹏, 牛琨. 面向大数据的分析技术 [J]. 北京邮电大学学报, 2015, 38 (3): 1-12.

[55] 刘明焕. 基于云计算的风险评估技术研究 [J]. 网络安全技术与应用, 2015 (6): 74.

[56] 刘铭, 吕丹, 安永灿. 大数据时代下数据挖掘技术的应用 [J]. 科技导报, 2018, 36 (9): 73-83.

[57] 刘培德, 张新. 一种基于区间灰色语言变量几何加权集成算子的多属性群决策方法 [J]. 控制与决策, 2011, 26 (5): 743-747.

[58] 刘琦, 童洋, 魏永长等. 市场法评估大数据资产的应用 [J]. 中国资产评估, 2016 (11): 33-37.

[59] 刘小弟, 朱建军, 张世涛. 考虑可信度和方案偏好的犹豫模糊决策方法 [J]. 系统工程与电子技术, 2014, 36 (7): 1368-1373.

[60] 刘玉. 浅论大数据资产的确认与计量 [J]. 商业会计, 2014 (18): 3-4.

[61] 吕海霞, 王宇霞, 何明智. 大数据风险与防控 [J]. 团结, 2018

（3）：24-29.

［62］马费成，夏永红. 网络信息的生命周期实证研究［J］. 情报理论与实践，2009，32（6）：1-7.

［63］马晓亭，陈臣. 基于大数据生命周期理论的读者隐私风险管理与保护框架构建［J］. 图书馆，2016（12）：62-66.

［64］马晓亭，陈臣. 云安全 2. 0 技术体系下数字图书馆信息资源安全威胁与对策研究［J］. 现代情报，2011，31（3）：62-66.

［65］马晓亭. 基于移动大数据分析的图书馆个性化服务 QOS 保证研究［J］. 图书馆理论与实践，2016（2）：70-73.

［66］孟小峰，慈祥. 大数据管理：概念、技术与挑战［J］. 计算机研究与发展，2013，50（1）：146-169.

［67］莫祖英. 大数据质量测度模型构建［J］. 情报理论与实践，2018，41（3）：11-15.

［68］潘小明，张向阳，沈锡镛等. 云计算信息安全测评框架研究［J］. 计算机时代，2013（10）：22-25.

［69］秦佳. 服务组合中基于混合 QoS 模型的服务选择研究［D］. 重庆大学，2010.

［70］邱东. 大数据时代对统计学的挑战［J］. 统计研究，2014，31（1）：16-22.

［71］阮树骅，瓮俊昊，毛麾等. 云安全风险评估度量模型［J］. 山东大学学报（理学版），2018，53（3）：71-76.

［72］宋亚奇，周国亮，朱永利. 智能电网大数据处理技术现状与挑战［J］. 电网技术，2013，37（4）：927-935.

［73］孙大为，常桂然，陈东等. 云计算环境中绿色服务级目标的分析、量化、建模及评价［J］. 计算机学报，2013，36（7）：1509-1525.

［74］索传军. 试论信息生命周期的概念及研究内容［J］. 图书情报工作，2010，54（13）：5-9.

［75］万煊民. 基于 QoS 历史数据的改进云服务选择算法研究［D］. 重庆大学，2016.

［76］汪潇洒，付晓东，刘骊等. 随机 QoS 感知的 Web 服务组合概率分析［J］. 计算机工程与应用，2017，53（14）：70-75.

［77］汪秀. 云计算环境下电子商务安全风险评估模型研究［D］. 安徽

财经大学，2015.

[78] 王凤暄. 云计算环境下信息安全法律存在的问题及应对策略分析[J]. 现代情报，2015，35（7）：167-171.

[79] 王美虹. 云计算环境下供应链信息协同风险控制研究[D]. 海南大学，2015.

[80] 王婷，黄国彬. 近四年来我国云安全问题研究进展[J]. 情报科学，2013，31（1）：153-160.

[81] 王晓妮，段群. 基于云计算的数据安全风险及防御策略研究[J]. 计算机测量与控制，2019，27（5）：199-202.

[82] 王玉龙. 云环境下数字档案馆面临的安全风险及其应对措施[J]. 档案管理，2013（2）：25-26.

[83] 王志英，苏翔，刁雅静等. 中小企业云计算数据安全风险关联效应研究[J]. 计算机应用研究，2015，32（6）：1782-1786.

[84] 望俊成. 信息生命周期的影响因素分析[J]. 图书情报知识，2010（4）：65-70.

[85] 吴菊华，高穗，李品怡等. 基于 DEMATEL 的 SaaS 采纳风险识别[J]. 广东工业大学学报，2014，31（4）：26-30.

[86] 吴映波，王旭，刘昕. 基于双种群协同进化的 QoS 全局最优 Web 服务选择算法[J]. 系统工程与电子技术，2013，35（8）：1758-1763.

[87] 武雪媛. Web 服务 QoS 灰色定量评估模型研究[D]. 湖南科技大学，2012.

[88] 夏纯中. 云存储多数据中心 QoS 保障机制研究[D]. 江苏大学，2014.

[89] 肖建琼，高江锦，周晓庆. 结合模糊 TOPSIS 法与时变权重的云服务选择[J]. 计算机工程，2015，41（7）：43-47.

[90] 谢琳，慕璧阳. 云计算服务合同的法律风险防范[J]. 中国发明与专利，2018，15（6）：94-100.

[91] 徐华，薛四新. 云数字档案馆风险评估研究框架[J]. 档案学研究，2016（5）：90-93.

[92] 徐漪. 大数据的资产属性与价值评估[J]. 产业与科技论坛，2017，16（2）：97-99.

[93] 许剑生，崔二宁，施伟. 基于云计算的数据安全风险及防范策略

探讨［J］. 自动化与仪器仪表, 2014 (12)：184-185.

［94］晏裕生. 基于等级保护的云计算 IaaS 安全评估研究［D］. 北京交通大学, 2016.

［95］杨进, 王亮明, 杨英仪. 面向 DaaS 的隐私保护机制研究综述［J］. 计算机应用研究, 2013, 30 (9)：2565-2569.

［96］余芳东. 外国统计数据质量的涵义、管理以及对我国的启示［J］. 统计研究, 2002 (2)：26-29.

［97］俞斌. 多传递参量 GERT 网络模型及其应用研究［D］. 南京航空航天大学, 2010.

［98］袁晓如, 张昕, 肖何等. 可视化研究前沿及展望［J］. 科研信息化技术与应用, 2011, 2 (4)：3-13.

［99］张超. 云计算网络安全态势评估研究与分析［D］. 北京邮电大学, 2014.

［100］张佳乐, 赵彦超, 陈兵等. 边缘计算数据安全与隐私保护研究综述［J］. 通信学报, 2018, 39 (3)：1-21.

［101］张龙昌, 杨艳红, 赵绪辉. 基于云模型的 SaaS 决策方法［J］. 电子学报, 2015, 43 (5)：987-992.

［102］张秋瑾. 云计算隐私安全风险评估［D］. 云南大学, 2015.

［103］张彦超, 赵爽. 基于云计算的电子政务公共平台：安全风险与应对策略［J］. 电信网技术, 2014 (2)：44-47.

［104］张于喆, 王君, 黄汉权. 人工智能时代大数据风险管理的建议［J］. 中国经贸导刊, 2018 (6)：63-65.

［105］张泽虹. 基于评估流程的信息安全风险的综合评估［J］. 计算机工程与应用, 2008, 44 (10)：111-115.

［106］章恒, 禄凯. 构建云计算环境的安全检查与评估指标体系［J］. 信息网络安全, 2014, 14 (9)：115-119.

［107］章恒. 云计算环境的风险评估研究［J］. 信息安全研究, 2017, 3 (10)：932-940.

［108］赵刚. 大数据：技术与应用实践指南［M］. 北京：电子工业出版社, 2016.

［109］赵祥. 网络安全多维动态风险评估关键技术［J］. 电子技术与软件工程, 2018 (10)：206.

［110］赵雅琴.以用户为中心的云计算服务存在的问题［J］.信息系统工程，2012（3）：152-153.

［111］赵卓.基于 PROMETHEE 的云服务推荐：一种多目标决策方法［J］.计算机应用研究，2014，31（7）：2027-2030.

［112］周建涛，罗晓峰，王燕.云 QoS 映射模型及其面向服务选择的算法［J］.计算机与数字工程，2017，45（2）：373-381.

［113］周小萌.基于风险元传递理论的云计算风险模型研究［D］.华北电力大学，2013.

［114］周紫熙，叶建伟.云计算环境中的数据安全评估技术量化研究［J］.智能计算机与应用，2012，2（4）：40-43.

［115］朱飞叶.云计算服务合同实证研究［D］.湘潭大学，2012.

［116］朱光，丰米宁，刘硕.大数据流动的安全风险识别与应对策略研究——基于信息生命周期的视角［J］.图书馆学研究，2017（9）：86-92.

［117］朱玉宣，许晓兵.基于系统动力学的云计算安全风险仿真分析［J］.软件导刊，2017，16（7）：182-186.

［118］Abdel-Basset M, Mohamed M, Chang V. NMCDA：A framework for evaluating cloud computing services［J］. Future Generation Computer Systems, 2018（86）：12-29.

［119］Abrar H, Hussain S J, Chaudhry J, et al. Risk analysis of cloud sourcing in healthcare and public health industry［J］. IEEE Access, 2018（6）：40-50.

［120］Accorsi R. Business process as a service：Chances for remote auditing［C］//2011 IEEE 35th Annual Computer Software and Applications Conference Workshops Munich, Germany. IEEE, 2011：398-403.

［121］Akinrolabu O, New S, Martin A. CSCCRA：A novel quantitative risk assessment model for cloud service providers［C］//European, Mediterranean, and Middle Eastern Conference on Information Systems. Springer, Cham, 2018：177-184.

［122］Al-Badi A, Tarhini A, Al-Qirim N. Risks in adopting cloud computing：A proposed conceptual framework［C］//International Conference for Emerging Technologies in Computing. Islamabad, Pakistan Switzerland：Springer, Cham, 2018：16-37.

［123］Alcantud J C R, Torra V. Decomposition theorems and extension principles for hesitant fuzzy sets ［J］. Information Fusion, 2018 （41）: 48-56.

［124］Alghamdi B S, Elnamaky M, Arafah M A, et al. A context establishment framework for cloud computing information security risk management based on the STOPE view ［J］. International Journal of Network Security, 2019, 21 （1）: 166-176.

［125］Ali H B Y, Abdullah L M, Kartiwi M, et al. A Systematic literature mapping of risk analysis of big data in cloud computing environment ［C］// Journal of physics: Conference series. Bristol: IOP Publishing, 2018, 18 （1）: 12-17.

［126］Ali M, Khan S U, Vasilakos A V. Security in cloud computing: Opportunities and challenges ［J］. Information Sciences, 2015 （305）: 357-383.

［127］Almathami M. Service level agreement （SLA） -based risk analysis in cloud computing environments ［M］. New York: Rochester Institute of Technology, 2012.

［128］Bahrami M, Singhal M. The role of cloud computing architecture in big data ［M］//Information granularity, big data, and computational intelligence. Saitzerland: Springer, Cham, 2015: 275-295.

［129］Bao L, Qi Y, Shen M, et al. An evolutionary multitasking algorithm for cloud computing service composition ［C］//World Congress on Services. Seattle, WA, USA. Springer, Cham, 2018: 130-144.

［130］Benouaret K, Benslimane D, Hadjali A. Ws-sky: An efficient and flexible framework for qos-aware web service selection ［C］//2012 IEEE Ninth International Conference on Services Computing Washington, DC, USA. IEEE, 2012: 146-153.

［131］Benoy B. Emergence and taxonomy of big data as a service ［D］. Massachusetts Institute of Technology, 2014.

［132］Büyüközkan G, Göçer F, Feyzioğlu O. Cloud computing technology selection based on interval-valued intuitionistic fuzzy MCDM methods ［J］. Soft Computing, 2018, 22 （15）: 5091-5114.

［133］Caldarelli A, Ferri L, Maffei M. Expected benefits and perceived risks of cloud computing: An investigation within an Italian setting ［J］. Technology Analysis & Strategic Management, 2016, 29 (2): 1-14.

[134] Cardoso J, Sheth A, Miller J, et al. Quality of service for workflows and web service processes [J]. Web Semantics Science Services & Agents on the World Wide Web, 2004, 1 (3): 281-308.

[135] Casalicchio E, Cardellini V, Interino G, et al. Research challenges in legal-rule and QoS-aware cloud service brokerage [J]. Future Generation Computer Systems, 2018 (78): 211-223.

[136] Chandrasekaran S, Srinivasan V B, Parthiban L. Towards an effective qos prediction of web services using context-aware dynamic bayesian network model [J]. Tehnički vjesnik, 2018, 25 (2): 241-248.

[137] Chen Z, Zhan Z, Lin Y, et al. Multiobjective cloud workflow scheduling: A multiple populations ant colony system approach [J]. IEEE Transactions on Cybernetics, 2018, 49 (8): 1-15.

[138] Chou D C. Cloud computing risk and audit issues [J]. Computer Standards & Interfaces, 2015 (42): 137-142.

[139] Cui L, Yu F R, Qiao Y. When big data meets software-defined networking: SDN for big data and big data for SDN [J]. IEEE Network, 2016, 30 (1): 58-65.

[140] Dai D, Zheng W, Fan T. Evaluation of personal cloud storage products in China [J]. Industrial Management & Data Systems, 2017, 117 (1): 131-148.

[141] Damenu T K, Balakrishna C. Cloud security risk management: A critical review [C] //2015 9th International Conference on Next Generation Mobile Applications, Services and Technologies Cambridge, United kingdom. IEEE, 2015: 370-375.

[142] Dang L, Xia W. The multi-attribute grey target decision method for attribute value within three-parameter interval grey number [J]. Applied Mathematical Modelling, 2012, 36 (5): 1957-1963.

[143] Delen D, Demirkan H. Data, information and analytics as services [J]. Decision Support Systems, 2013, 55 (1): 359-363.

[144] Furuncu E, Sogukpinar I. Scalable risk assessment method for cloud computing using game theory (CCRAM) [J]. Computer Standards & Interfaces,

2015（38）：44-50.

［145］Fu Z, Xia L, Sun X, et al. Semantic－aware searching over encrypted data for cloud computing ［J］. IEEE Transactions on Information Forensics and Security, 2018, 13 （9）: 2359-2371.

［146］Gabrel V, Manouvrier M, Moreau K, et al. QoS－aware automatic syntactic service composition problem: Complexity and resolution ［J］. Future Generation Computer Systems, 2018 （80）: 311-321.

［147］Harter I B B, Schupke D A, Hoffmann M, et al. Network virtualization for disaster resilience of cloud services ［J］. IEEE Communications Magazine, 2014, 52 （12）: 88-95.

［148］Hartmann P M, Zaki M, Feldmann N, et al. Capturing value from big data-a taxonomy of data-driven business models used by start-up firms ［J］. International Journal of Operations & Production Management, 2016, 36 （10）: 1382-1406.

［149］Hashem, Ibrahim Abaker Targio, et al. The rise of "big data" on cloud computing: Review and open research issues ［J］. Information Systems, 2015, 6 （47）: 98-115.

［150］Hayyolalam V, Kazem A A P. A systematic literature review on QoS aware service composition and selection in cloud environment ［J］. Journal of Network and Computer Applications, 2018 （110）: 52-74.

［151］Horton F W. Information resources management: Concept and cases ［M］. Cleveland: Association for Systems Management, 1979.

［152］Hu B Q, Wang S. A novel approach in uncertain programing Part I: New arithmetic and order relation for interval numbers ［J］. Journal of Industrial & Management Optimization, 2017, 2 （4）: 351-371.

［153］Itani W, Kayssi A, Chehab A. Privacy as a service: Privacy-aware data storage and processing in cloud computing architectures ［C］//2009 Eighth IEEE International Conference on Dependable, Autonomic and Secure Computing. Chengdu, China, IEEE, 2009: 711-716.

［154］Jouini M, Rabai L B A. A security framework for secure cloud computing environments ［M］//Cloud Security: Concepts Methodologies, Tools, and Applications. Hershey: IGI Global, 2019: 249-263.

[155] Jouini M, Rabai L B A. Comparative study of information security risk assessment models for cloud computing systems [J]. Procedia Computer Science, 2016 (83): 1084-1089.

[156] Kamisiński A, Helvik B E, Gonzalez A J, et al. Assessing the risk of violating SLA dependability requirements in software-defined networks [C] // 2017 IEEE Conference on Network Function Virtualization and Software Defined Networks (NFV-SDN) Berlin Germany. IEEE, 2017: 270-275.

[157] Kattepur A, Sen S, Baudry B, et al. Variability modeling and qos analysis of web services orchestrations [C] //2010 IEEE International Conference on Web Services. Miami, Fl, USA. IEEE, 2010: 99-106.

[158] Kauffman R, Sougstad R. Risk management of contract portfolios in it services: The profit-at-risk approach [J]. Journal of Management Information Systems, 2008, 25 (1): 17-48.

[159] Kołodziej J, Xhafa F. Meeting security and user behavior requirements in Grid scheduling [J]. Simulation Modelling Practice & Theory, 2011, 19 (1): 213-226.

[160] Kritikos K, Plexousakis D. Requirements for QoS-Based web service description and discovery [J]. IEEE Transactions on Services Computing, 2009, 2 (4): 320-337.

[161] Kumar R R, Mishra S, Kumar C. Prioritizing the solution of cloud service selection using integrated MCDM methods under fuzzy environment [J]. Journal of Supercomputing, 2017, 73 (4): 1-31.

[162] Kurdija A S, Silic M, Delac G, et al. Efficient multi-user service selection based on the transportation problem [C] //International Conference on Web Services San Francisco, CA, USA. Springer, Cham, 2018: 507-515.

[163] Lang M, Wiesche M, Krcmar H. Criteria for selecting cloud service providers: A delphi study of quality-of-service attributes [J]. Information & Management, 2018, 55 (6): 746-758.

[164] Latif R, Abbas H, Assar S, et al. Cloud computing risk assessment: A systematic literature review [J]. Lecture Notes in Electrical Engineering, 2014 (276): 285-295.

[165] Lefevre E, Colot O, Vannoorenberghe P. Belief function combination

and conflict management [J]. Information Fusion, 2002, 3 (2): 149-162.

[166] Levitan K B. Information resources as "Goods" in the life cycle of information production [J]. Journal of the Association for Information Science & Technology, 2010, 33 (1): 44-54.

[167] Li C, Yuan J. A new multi-attribute decision-making method with three-parameter interval grey linguistic variable [J]. International Journal of Fuzzy Systems, 2017, 19 (2): 292-300.

[168] Limam N, Boutaba R. Assessing software service quality and trustworthiness at selection time [J]. IEEE Transactions on Software Engineering, 2010, 36 (4): 559-574.

[169] Lin F, Zeng W, Yang L, et al. Cloud computing system risk estimation and service selection approach based on cloud focus theory [J]. Neural Computing and Applications, 2017, 28 (7): 1863-1876.

[170] Liu P, Dong L. The new risk assessment model for information system in cloud computing environment [J]. Procedia Engineering, 2011 (15): 3200-3204.

[171] Liu P, Li H, Yu X. Generalized hybrid aggregation operators based on the 2-dimension uncertain linguistic information for multiple attribute group decision making [J]. Group Decision & Negotiation, 2016, 25 (1): 103-126.

[172] Liu Y, Ngu A H, Zeng L Z. QoS computation and policing in dynamic web service selection [C] //Proceedings of the 13th international World Wide Web Conference on Alternate Track Papers & Posters. ACM, 2004: 66-73.

[173] Lomotey K R, Deters R. Analytics-as-a-service framework for terms association mining in unstructured data [J]. International Journal of Business Process Integration and Management, 2014, 7 (1): 49-61.

[174] Maciel R, Araujo J, Dantas J, et al. Impact of a DDoS attack on computer systems: An approach based on an attack tree model [C] //2018 Annual IEEE International Systems Conference (SysCon) Vancouver, BC, Canada. IEEE, 2018: 1-8.

[175] Mansouri Y, Toosi A N, Buyya R. Data storage management in cloud environments: Taxonomy, survey, and future directions [J]. ACM Computing Surveys (CSUR), 2018, 50 (6): 91.

[176] Markl V. Breaking the chains: On declarative data analysis and data independence in the big data era [J]. Proceedings of the VLDB Endowment, 2014, 7 (13): 1730-1733.

[177] Martens B, Teuteberg F. Decision-making in cloud computing environments: A cost and risk based approach [J]. Information Systems Frontiers, 2012, 14 (4): 871-893.

[178] Marx V. Biology: The big challenges of big data [J]. Nature, 2013, 498 (7453): 255-260.

[179] Mastroeni L, Naldi M. Compensation policies and risk in service level agreements: A value-at-risk approach under the on-off service model [C] //International Workshop on Internet Charging and QoS Technologies. Paris, France. Springer, Berlin, Heidelberg, 2011: 2-13.

[180] Mishra N, Sharma T K, Sharma V, et al. Secure framework for data security in cloud computing [M] //Soft Computing: Theories and Applications. Berlin, Germang Springer, 2018: 61-71.

[181] Müller G. Budgeting process for information security expenditures [J]. Communications of the ACM, 2006, 49 (1): 121-125.

[182] Naseri A, Navimipour N J. A new agent-based method for QoS-aware cloud service composition using particle swarm optimization algorithm [J]. Journal of Ambient Intelligence and Humanized Computing, 2019, 10 (5): 1851-1864.

[183] Nawaz F, Asadabadi M R, Janjua N K, et al. An MCDM method for cloud service selection using a Markov chain and the best-worst method [J]. Knowledge-Based Systems, 2018 (159): 120-131.

[184] Paquette S, Jaeger P T, Wilson S C. Identifying the security risks associated with governmental use of cloud computing [J]. Government Information Quarterly, 2010, 27 (3): 245-253.

[185] Parida P, Konhar S, Mishra B, et al. Design and implementation of an efficient tool to verify integrity of files uploaded to cloud storage [C] //2017 7th International Conference on Communication Systems and Network Technologies (CSNT) Nagpur, India. IEEE, 2017: 62-66.

[186] Patil S, Ade R. Cloud data security for goal driven global software

engineering projects [J]. Procedia Computer Science, 2015 (46): 548-557.

[187] Pedrycz W, Chen S M. Information granularity, big data, and computational intelligence [M]. Berlin: Springer, 2014.

[188] Qi L, Zhang X, Wen Y, et al. A context-aware service selection approach based on historical records [C] //2015 International Conference on Cloud Computing and Big Data (CCBD) Shanghai, China. IEEE, 2015: 127-134.

[189] Ramesh D, Mishra R, Edla D R. Secure data storage in cloud: An e-stream cipher – based secure and dynamic updation policy [J]. Arabian Journal for Science and Engineering, 2017, 42 (2): 873-883.

[190] Rao J, Su X. A survey of automated web service composition method [C] //International workshop on Semantic web services and webprocess Compostion. Berlin, Heidelberg Springer, 2004: 43-54.

[191] Rodrigo N Calheiros, Enayat Masoumi, Rajiv Ranjan, Rajkumar Buyya. Workload prediction using arima model and its impact on cloud applications' QoS [J]. IEEE Transactions on Cloud Computing, 2015, 3 (4): 1.

[192] Rusek K, Guzik P, Chołda P. Effective risk assessment in resilient communication networks [J]. Journal of Network and Systems Management, 2016, 24 (3): 491-515.

[193] Saripalli P, Pingali G. MADMAC: Multiple attribute decision methodology for adoption of clouds [C] //2011 IEEE 4th International Conference on Cloud Computing Washington, DC, USA. IEEE, 2011: 316-323.

[194] Saripalli P, Walters B. Quirc: A quantitative impact and risk assessment framework for cloud security [C] //2010 IEEE 3rd international conference on cloud computing Washington DC, USA Irvine, CA, USA. IEEE, 2010: 280-288.

[195] Schreck T, Keim D, Schreck T, et al. Visual analysis of social media data [J]. Computer, 2013, 46 (5): 68-75.

[196] Schuller D, Polyvyanyy A, García-Bañuelos L, et al. Optimization of complex qos-aware service compositions [C] //International Conference on Service-Oriented Computing. Springer, Berlin, Heidelberg, 2011: 452-466.

[197] Sefraoui O, Aissaoui M, Eleuldj M. OpenStack: Toward an open-source solution for cloud computing [J]. International Journal of Computer Ap-

plications, 2012, 55 (3): 38-42.

[198] Sengupta A, Pal T K. On comparing interval numbers [J]. European Journal of Operational Research, 2000, 127 (1): 28-43.

[199] Shi C, Lin D, Ishida T. User-centered qos computation for web service selection [C] //2012 IEEE 19th International Conference on Web Services Honolulu, HI, USA. IEEE, 2012: 456-463.

[200] Shojaiemehr B, Rahmani A M, Qader N N. Cloud computing service negotiation: A systematic review [J]. Computer Standards & Interfaces, 2018 (55): 196-206.

[201] Sim S, Choi H. A study on web services discovery system based on the internetof things user information [J]. Cluster Computing, 2018, 21 (1): 1151-1160.

[202] Singh S, Jeong Y S, Park J H. A survey on cloud computing security: Issues, threats, and solutions [J]. Journal of Network and Computer Applications, 2016 (75): 200-222.

[203] Somu N, Kirthivasan K, Sriram V S S. A rough set-based hypergraph trust measure parameter selection technique for cloud service selection [J]. The Journal of Supercomputing, 2017, 73 (10): 4535-4559.

[204] Song S S, Kai H, Kwok Y K. Risk-resilient heuristics and genetic algorithms for security-assured grid job scheduling [J]. IEEE Transactions on Computers, 2006, 55 (6): 703-719.

[205] Sun Z, Sun L, Strang K. Big data analytics services for enhancing business intelligence [J]. Journal of Computer Information Systems, 2018, 58 (2): 162-169.

[206] Tang Y, Zhou D, Zhuang M, et al. An improved evidential-IOWA sensor data fusion approach in fault diagnosis [J]. Sensors, 2017, 17 (9): 2143.

[207] Taylor R S. Value-added processes in the information life cycle [J]. Journal of the American Society for Information Science, 2010, 33 (5): 341-346.

[208] Torabi S A, Sahebjamnia N, Mansouri S A, et al. A particle swarm optimization for a fuzzy multi-objective unrelated parallel machines scheduling problem [J]. Applied Soft Computing, 2013, 13 (12): 4750-4762.

［209］Tran V X, Tsuji H, Masuda R. A new QoS ontology and its QoS-based ranking algorithm for web services ［J］. Simulation Modelling Practice & Theory, 2009, 17 (8): 1378-1398.

［210］Ugbaje S U, Odeh I O A, Bishop T F A. Fuzzy measure-based multi-criteria land assessment for rainfed maize in West Africa for the current and a range of plausible future climates ［J］. Computers and Electronics in Agriculture, 2019 (158): 51-67.

［211］Van Der Aalst WMP, Ter Hofstede AHM, et al. Workflow patterns ［J］. Distributed & Parallel Databases, 2003, 14 (1): 5-51.

［212］Vanhatalo J, Völzer H, Leymann F, et al. Automatic workflow graph refactoring and completion ［C］//International Conference on Service-Oriented Computing Barcelona, Spain. Springer, Berlin, Heidelberg, 2008: 100-115.

［213］Wang J, Wang J Q, Zhang H Y, et al. Multi-criteria group decision-making approach based on 2-tuple linguistic aggregation operators with multi-hesitant fuzzy linguistic information ［J］. International Journal of Fuzzy Systems, 2016, 18 (1): 81-97.

［214］Wang M, Zhu L, Ramamohanarao K. Reasoning task dependencies for robust service selection in data intensive workflows ［J］. Computing, 2015, 97 (4): 337-355.

［215］Wang P, Chao K M, Lo C C. On optimal decision for QoS-aware composite service selection ［J］. Information Technology Journal, 2010, 37 (1): 440-449.

［216］Werner J, Westphall C M, Westphall C B. Cloud identity management: A survey on privacy strategies ［J］. Computer Networks, 2017 (122): 29-42.

［217］Wu Y, Provan T, Wei F, et al. Semantic-preserving word clouds by seam carving ［J］. Computer Graphics Forum, 2011, 30 (3): 741-750.

［218］Xia M, Xu Z, Na C. Some hesitant fuzzy aggregation operators with their application in group decision making ［J］. Group Decision & Negotiation, 2013, 22 (2): 259-279.

［219］Xie X M, Zhao Y X. Analysis on the risk of personal cloud computing based on the cloud industry chain ［J］. Journal of China Universities of Posts & Telecommunications, 2013, 20 (13): 105-112.

[220] Xinhua E, Han J, Wang Y, et al. Big Data-as-a-Service: Definition and architecture [C] //2013 15th IEEE International Conference on Communication Technology Guilin, China. IEEE, 2013: 738-742.

[221] Xi Z, Chao H, Youn B D. A comparative study of probability estimation methods for reliability analysis [J]. Structural & Multidisciplinary Optimization, 2012, 45 (1): 33-52.

[222] Xu X, Sheng Q Z, Zhang L J, et al. From big data to big service [J]. Computer, 2015, 48 (7): 80-83.

[223] Xu Z, Xia M. Distance and similarity measures for hesitant fuzzy sets [J]. Information Sciences, 2011, 181 (11): 2128-2138.

[224] Xu Z, Zhang X. Hesitant fuzzy multi-attribute decision making based on TOPSIS with incomplete weight information [J]. Knowledge-Based Systems, 2013, 52 (6): 53-64.

[225] Yang M, Jiang R, Gao T, et al. Research on cloud computing security risk assessment based on information entropy and markov chain [J]. International Journal of Network Security, 2018, 20 (4): 664-673.

[226] Yau S S, Yin Y. QoS-based service ranking and selection for service-based systems [C] //2011 IEEE International Conference on Services Computing Wahington, DC, USA. IEEE, 2011: 56-63.

[227] Yong D. Generalized evidence theory [J]. Applied Intelligence, 2015, 43 (3): 530-543.

[228] Zhang L C, Qing C. Hybrid-context-aware web service selection approach [J]. Journal of Internet Technology, 2013, 14 (6): 33-38.

[229] Zhang Q, Jiang R, Li T, et al. Cloud computing privacy security risk analysis and evaluation [J]. Recent Patents on Computer Science, 2018, 11 (1): 32-43.

[230] Zheng H, Zhao W, Yang J, et al. QoS Analysis for web service compositions with complex structures [J]. IEEE Transactions on Services Computing, 2013, 6 (3): 373-386.

[231] Zheng Z, Wu X, Zhang Y, et al. QoS ranking prediction for cloud services [J]. IEEE Transactions on Parallel & Distributed Systems, 2013, 24 (6): 1213-1222.

［232］Zheng Z, Zhu J, Lyu M R. Service-generated big data and big data-as-a-service: An overview ［C］//2013 IEEE international congress on Big Data. Santa Clara, CA, USA. IEEE, 2013: 403-410.

［233］Ziyarazavi M, Magnusson C, Tergesten T. Qualifying and quantifying it services added values in outsourcing assignments—service value agreement ［J］. Journal of Service Science and Management, 2012, 5 （4）: 318.

［234］Zorrilla M, García-Saiz D. A service oriented architecture to provide data mining services for non-expert data miners ［J］. Decision Support Systems, 2013, 55 （1）: 399-411.